职场精英
都是工具控

欣星◎著

中国铁道出版社有限公司
CHINA RAILWAY PUBLISHING HOUSE CO., LTD.

图书在版编目（CIP）数据

职场精英都是工具控/欣星著.—北京：中国铁道
出版社有限公司，2020.10
ISBN 978-7-113-27093-3

Ⅰ.①职… Ⅱ.①欣… Ⅲ.①办公自动化-应用软件
Ⅳ.①TP317.1

中国版本图书馆CIP数据核字（2020）第138835号

书　　名：职场精英都是工具控
作　　者：欣　星

责任编辑：巨　凤　　　　　读者热线：(010) 83545974
责任校对：苗　丹　　　　　编辑助理：王伟彤
责任印制：赵星辰　　　　　封面设计：仙　境

出版发行：中国铁道出版社有限公司（100054，北京市西城区右安门西街8号）
印　　刷：北京铭成印刷有限公司
版　　次：2020年10月第1版　2020年10月第1次印刷
开　　本：700 mm×1 000 mm　1/16　印张：17.5　字数：280千
书　　号：ISBN 978-7-113-27093-3
定　　价：59.00元

陈欣是我的同学，也是同事，我对他的了解主要来自于工作。他有着比较丰富的社会经历，几乎每一段经历都和这个时代贴得很近。比如大学一毕业就去了沿海城市工作，然后又从沿海城市回家乡创业，在电商刚起步没多久就投身电商的海洋里，在万达这样的大公司积累了许多线上线下的营销经验，为中小型企业打造电商服务体系等等，我不得不说他是一个乐于学习、敢于试水、善于积累、不断进步的职场人，在公司里我一度称他为"万金油"。更难得的是，他对这个时代充满着自己的认知，并保持了足够的兴趣，一步步跟随这个时代而前进，这是一种精神，更是一种境界。

两年前，我跟他探讨一个关于电商运营的问题，得知他利用外派工作的业余时间开始琢磨整理一些职场小技能，我很惊讶，对他的毅力十分佩服，鼓励和期待他尽早出成果。直到2020年这个特殊的年度，在经历了举国抗疫的宅家后，他在四月份跟我说他梳理了这些年的工作积累，准备出一本书，并且已基本有了眉目，我真心替他感到高兴，但同时是有一些担忧的，担心他对出书一事有些乐观，亦担心即便出版了也会像当下实体书店一样败走于这个年份和时代。但是他很快在7月底的时候把样稿发给了我，并邀请我为之作序，我才真正地体会到他的决心和他的坚持。

我不是一个技术型的职场人，对一些常用的办公工具不精通也不钻研，所以对于他在书里所传授的技能型的内容无法做更多的评价，但是对于他创作这本书的初衷及行文风格我是高度赞同的，通过工作场景搭建，把枯燥的技能转化为趣味的职场故事，具备足够的角色代入感，同时利用工作中的一些真实案例，通过图文的丰富组合，让小白或者是像我这样长期做管理不管技能的职场老人也能轻松融入技术性工具的学习和体验中，实在是一种好方法。

这个时代需要一些这样的开拓者和传递者，掌握在专家手里的虽是专业的，但能让大家共享的才是有用的，有用的才是专业的价值。

深圳星河商置龙华星河 COCO City 总经理 杨敏

2020 年 8 月 5 日

还记得自己刚毕业工作那会儿，突然面临很多工作，不知道从哪里入手。学校学的专业知识和实际工作明显脱节，电脑常用工具、办公软件都想学，又不知道重点在哪里，该怎么学。

于是买了很多相关书籍，利用业余时间学。也许是考虑到知识的广度和深度，也许是出于市场竞争，有些书并不能完全解决我们工作中的问题，而是事无巨细地把软件相关的菜单功能全部罗列出来，至于哪些最有用，怎么学最快捷，并没有明确的提示。

如果那个时候有个老师愿意花时间手把手地教一教、带一带我，成长可能会更快。

现在，我看到一批批职场新人面临着同样的问题，也会抽时间指点一下，但毕竟个人精力有限，于是便萌发了一个念头：写一本有关职场工具和提升效率的书，通过故事和场景，简单明了地告诉新人该如何学习、如何成长，怎么少走弯路、少踩坑。有了这本书，就像有了一个手把手教你的师傅在身边，一定会成长得更快、更轻松。

下面我把读者最关心的问题以及给我留言的问题，进行了汇总和解答。

本书有什么特点？

市面上大多数讲职场工具软件的书，都存在类似的特点：

- 知识点太多，场景案例太少，不知道学了之后，哪些在工作中能用得上。
- 步骤不够详细，截图不够明了，上手实操效果不好。

● 内容太多，没有重点，没有提示正确的学习路径和学习方法。

本书的独特之处：

从工作场景出发，引出知识点，实用性强，快速激发兴趣。

用职场故事引导，角色代入感强，不枯燥不说教，趣味性强。

通过角色设置不同角度，交互式引导，引出读者最感兴趣的问题。

截图丰富，步骤详细，手把手教会每个知识点。

以点带面，在浩如烟海的职场知识中挑选最急需最重要的呈现给读者。

不仅讲述知识和技能，还提供学习方法和思维方式，引导读者快速成长。

通过本书能学会什么？

学会用合适的工具软件提高工作效率，减少简单重复劳动。

学会用组合工具来解决职场中常见的问题，提出有效的解决方案。

找到办公软件最有效率的学习路径，提高学习时间的投入产出比。

运用多平台应用对工作进行全方位把控，实现无缝连接。

运用时间管理和知识管理的方法来管理自己的工作和生活。

本书适合什么人看？

想用最短的时间成为职场高手的职场新人、应届大学毕业生。

已经工作了 3 ～ 5 年，但是工作效率不高，经常加班加点，想快速了解各种效率工具和办公软件，却又不得其门而入者。

想要提升自己，做出上档次的 PPT、漂亮的文档和表格，让领导和同事对你另眼相看的公司白领。

想掌握快速高效的方法来处理繁杂的办公文档，以节省更多的时间去开拓市场、发展客户的业务人员。

下属工作效率低，又没有专门时间进行培训和辅导的公司管理层。

了解了以上这些问题，相信就会很清楚本书的详细内容，是否值得购买。

写书的过程并不轻松，自己知道和让别人知道是两回事，自己成长和帮助别人成长也是两回事。全书前后改了几遍，几乎是重写。感谢简书平台的毛晓秋经理，没有她的鼓励就没有这本书；感谢出版社的巨凤老师，她耐心细致地提出很多中肯的意见，给了我很大的帮助；感谢我的家人，没有他们默默地支持，也就没有这本书的面世。

欣星

2020 年 6 月

第1章　玩转效率工具

职场新人应该如何快速提高工作效率？关键在于找对工具。好的工具软件能够迅速解决问题，减少不必要的重复劳动。本章介绍了许多能够快速上手，效果立竿见影的效率工具。通过不同的工作场景，引导大家如何综合运用这些工具来解决工作中出现的问题。同时，在学习使用的过程中，逐渐培养自己解决问题的正确思维方式。

第2章　掌握办公软件

办公软件 Office 三件套是职场人士必须熟练掌握的工具软件，但大多数人不得其门而入，只会使用不到 10% 的基础功能，并且不想花费太多的时间去钻研。本章提供了 Office 软件的正确学习路径，让大家能够以最少的时间投入快速掌握最重要最核心的功能，提高学习能效比。通过案例的学习，能够在较短的时间内，达到较高的软件使用水平，塑造自己的职场形象。

第3章　多平台办公应用

当下，智能终端和云端平台已经非常普及，灵活运用不同平台、不同终端的软件，能够快速转换工作场景，提高效率，同时还能让工作无缝连接。通过对多平台的知识进行管理，可以构建知识框架，积累知识和经验，在学习中快速成长。同时结合时间管理的方法，可以减少工作压力，让生活更加从容有序。

第 1 章

玩转效率工具

　　职场新人应该如何快速提高工作效率？关键在于找对工具。好的工具软件能够迅速解决问题，减少不必要的重复劳动。本章介绍了许多能够快速上手，效果立竿见影的效率工具。通过不同的工作场景，引导大家如何综合运用这些工具来解决工作中出现的问题。同时，在学习使用的过程中，逐渐培养自己解决问题的正确思维方式。

1.1 极速锁定目标的搜索神器

在电脑上查找文件几乎是职场人每天都要做的事情，很多人并没有觉得这有什么值得研究的。多数人存放文件的时候很随意，导致查找文件要花费不少时间，找不到文件的事也时有发生。

判断一个人是不是效率高手，能否准确、迅速地定位所要查找的目标文件是一个很好的标准。下面我们通过小故事来看看在职场中到底有哪些工作场景会用到搜索。

1. 快速搜索目标文件

会议室里灯火通明，投影仪上显示的是营销活动方案。小雯对着笔记本电脑，正在给领导汇报这次营销活动的落实情况。区域领导孙总突然转过头来对小雯说："等一下，把去年这档营销活动的方案调出来做个对比。"

"好的。"小雯点了点头，用鼠标在电脑桌面上点开存放营销方案的文件夹，开始查找去年同期的方案。可能是没有料到领导想看去年的方案，小雯有点着急，桌面的图标和文件夹又比较多，找了半天还是没有找到。

坐在旁边的老高连忙说："我的电脑里有。"说完拿起数据线接好笔记本，投影仪上出现了老高的电脑屏幕。

只见老高按了一个键，弹出一个窗口，接着他快速输入"营销活动"几个字。最后一个字还没有输完，窗口中立即出现了和"营销活动"相关的所有文档，老高选中去年同期的方案并双击鼠标打开。

小雯脸上露出惊诧的表情，小声说道："老高，你找文件怎么这么快？"

"哦，我用了个很厉害的搜索软件。"老高答道，示意小雯继续往下讲。

工作中，临时遇到需要快速查找文件时，一般人通常是点开"我的电脑"，再点开各个文件夹，根据文件名称挨个查找，也可能会采用操作系统自带的搜索工具通过搜索关键词来搜索，速度慢不说，还不能跨盘搜索。

一个人最直观、最根本的价值体现就是工作效率。同样的时间完成更多的工作，不仅说明工作效率高，同时也为自己树立了良好的形象。

很多人没有良好的文件存储习惯，通过各种途径收到的文件，随手往桌面一扔，过不了多久，桌面就变成下面这样：

满屏都是图标的桌面

想要从上面图中找到想要找的文件或快捷方式，只能用肉眼搜索加鼠标单击。这种低效的操作，不仅没有工作的成就感，还会因为文件存放杂乱带来莫名的烦躁。

故事中的老高，在领导下达任务后的0.01秒，轻轻敲下快捷键，弹出搜索窗口，输入关键词，瞬间锁定目标文档！操作一气呵成，领导点头微笑，同事纷纷点赞，效率达人的招牌金光闪闪。

老高使用的搜索神器是什么呢？就是Everything。它是一款文件名快速搜索工具。下面我们就来看看这款文件名搜索软件是怎么使用的。

上网搜索一下"Everything下载"，就能找到下载地址。这是一款免费软件，安装文件体积小，安装简单而迅速。

初次运行时可能是英文界面，可以调成中文界面，具体方法如下：

（1）鼠标单击菜单栏【Tools】，再单击【Options】。

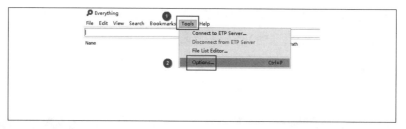

Everything 界面语言调整 1

（2）在弹出的窗口中的【General】找到【Language】，单击右方下拉按钮，在选项中找到"简体中文"，单击【OK】或者【Apply】（应用）保存修改，退出软件再重新启动，界面就变成中文了。

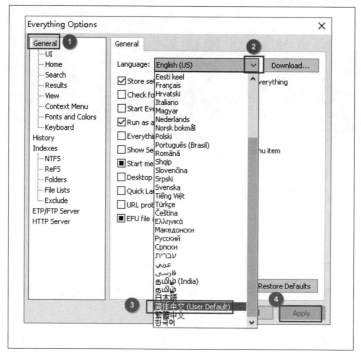

Everything 界面语言调整 2

首次运行可能会等几分钟进行索引，但是一旦这个过程完成之后，就可以立即体验到它的搜索速度。无论硬盘有几百甚至上千 GB 的容量，无论文件存放在哪个深层的目录之下，在你输入第一个关键字的瞬间，与之相匹配的文件就会出现在结果之中，比如例子中的"营销活动"。

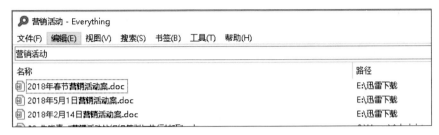

"营销活动"搜索结果

可以先设置一下搜索窗口的快捷键，在 Everything 运行界面直接按 Ctrl+p 快捷键，会弹出选项窗口，在图中的②处就可以设置快捷键了。

Everything 显示窗口快捷键的设置

建议将快捷键设置成键盘中数字键 1 左边的【`】键，这个键平时用得少，所以不用另外再加 Ctrl 或 Alt 等组合键。遇到搜索任务时，轻敲"`"键，调出窗口，输入搜索目标，瞬间直达的感觉非常清爽。

此外，在软件帮助里面有搜索语法，大家可以简单了解一下，有助于筛选目标。

下面给出一些搜索语法及实例（见下图）：

找出图片格式文件	*. bmp | *. jpg| *. png
所有 work 目录及其下子目录的 doc 文件	d:\work*. doc
找出所有文件名有"营销活动"的 ppt 文件	营销活动 ppt
搜索空 txt 文件	*. txt file:size:0
D 盘 2018/3/1 至/12/1 修改过的 Excel 文件	*. xls*xlsx dm:2018/3-2018/12

搜索语法及实例

还有一些更复杂的正则表达式的运用，一般办公环境下可能用不着，有兴趣的朋友可以花时间去研究一下。

这个软件除了可以实现高速搜索外，有没有其他的功能可以挖掘呢？当然！

2. 快捷启动应用程序

会议继续进行，小雯讲了一会儿，PPT 里有个数据需要打开 Excel 核实一下，小雯回头望了一下老高，小声问道："你的 Excel 放在哪儿？"老高连忙凑过去，按了一下"`"键，调出 Everything，然后输入"zzex"，窗口立即显示出 Excel 的快捷方式。老高按了一下键盘上的 Tab 键，光标跳到搜索结果，接着又快速按了一下空格键，投影仪上出现了 Excel 的启动画面。

会议结束后孙总满意地向会议室外面走去，走到门口他忽然停下来，对小雯说："跟老高学习一下，把电脑桌面整理一下。""好的，好的！"小雯红着脸回答。

大多数人运行电脑上常用的软件都是通过桌面的快捷方式，或者通过鼠标单击开始菜单，在程序里去找，这两种方法都很低效。通过搭配 Everything 可以让你的工作效率提高 N 倍。具体方法如下：

把常用软件的快捷方式全部复制到一个文件夹里，然后重命名快捷方式的名称。为了减少搜索结果，可以在名称前面加上两个字母"zz"。例如 Word，可以改为"zzwd"，Excel可以改为"zzex"，如右图所示。

这样搜索结果不会有太多重复，而且按键只用左手就能完成输入。搜

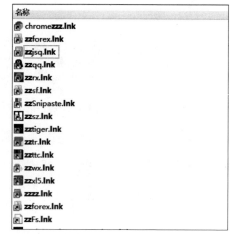

重命名快捷方式

索结果出来之后，再按一下 Tab 键，接着左手敲击一下空格键，程序就开始运行了。

Everything 默认的运行搜索结果的方法是回车键，不方便用左手敲击，我们可以将其改为空格键，按照下图标示的数字顺序设置就可以了。

Everything 搜索结果运行快捷键设置

告别肉眼搜索、鼠标单击、操作低效的软件启动方式，告别那满屏图标、不忍直视的桌面，让桌面重回清爽的样子。

还原清爽的桌面

3. QQ好友也有高速通道

回到办公室，小雯就拉着老高说，"快把你那个搜索神器发给我。"老高笑了笑，"这么着急？好的，发给你。"

说完老高调出刚才的搜索窗口，输入"zzxw"，按了空格键之后，桌面直接弹出小雯的QQ聊天窗口。

小雯睁大了眼睛，"这样也行？快教教我怎么弄的，我经常用QQ给别人发东西，用这个方法找联系人真的快多了！"

工作中，我们常用QQ来沟通或者发送接收各种文档，需要频繁地在QQ里查找不同部门的工作群，找不同的同事来沟通。一般情况下，需要用鼠标在任务栏双击企鹅图标，弹出QQ窗口后，再用鼠标去定位好友，然后双击或者在联系人的搜索栏录入他们的QQ昵称。

有了Everything这个操作，可以方便快捷地找到你需要频繁沟通的QQ好友。右击该好友，在弹出的菜单中选择【好友管理】→【生成桌面快捷方式】，如右图所示。

可以根据好友的QQ昵称给快捷方式取一个好记的名字，下次需要沟通的时候，打开Everything敲出他/她的快捷名字，一秒直达聊天窗口。别看这个操作每次只能给你节省几秒左右的时间，但是长此以往节省的时间累积起来非常可观。

QQ好友快捷方式设置

4. 一键直达网址

要访问常用网址，有的人可能是打开收藏夹；有的人可能是用搜索引擎搜索到网址再打开。这两种方法效率都不高，下面我们看看用Everything怎么实现常用网址的快速访问。

（1）为网址创建快捷方式

右击桌面，在弹出的菜单中选择【新建快捷方式】，然后在【请输入对象的位置（T）】粘贴你要访问的网址，单击"下一步"。

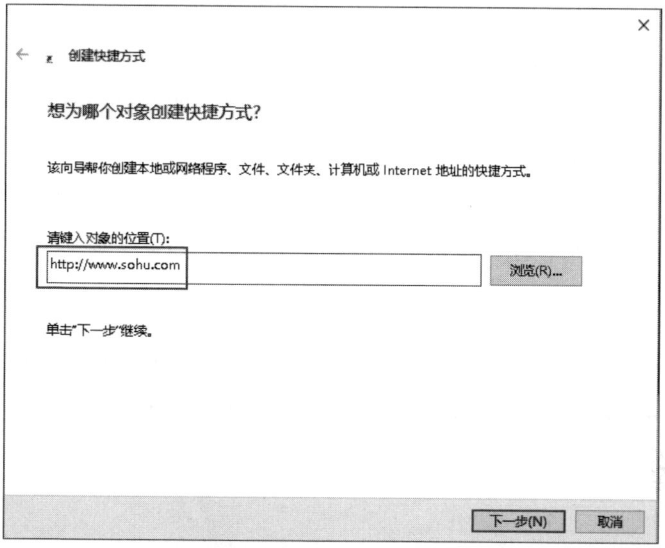

常用网址设置为快捷方式

完成之后给这个快捷方式取个名字，比如"zzsh"。

下次要访问这个网站的时候，按"`"键弹出搜索窗口，再输入"zzsh"后执行，就会立即打开默认浏览器跳转到网站，整个过程不会超过 1 秒钟。依此类推，可以把常用的网站都做成快捷方式，再存放到任何一个文件夹里面，用 Everything 搜索后都能快速到达，节省不少鼠标单击的时间。

这里，你可能会问，如果每个网址都要新建一个快捷方式再重新命名，很需要点耐心。那有没有更方便的方法呢？当然有。

（2）直接搜索收藏夹内容

Windows 自带的 IE 浏览器会把收藏夹中的网址保存成本地的单个 URL 文件，我们只用把常用网址加到 IE 浏览器的收藏中，然后用快捷键调取 Everything 程序，输入网址中任意关键词，就能一键直达，非常快捷高效。

具体操作步骤：

① 将其他浏览器的收藏夹导出成 html 文件；

② 打开 IE 浏览器，选择【文件】→【导入 / 导出】→【从文件导入】→【收藏夹】选择刚生成的 html 文件；

③ 用快捷键调出 Everything 输入已收藏的网址中关键字，比如"淘宝""网易"，这时候出来的搜索结果是带有关键字的 URL 文件；

④ 双击或者按 Tab，文件跳转到 URL 文件运行，就能一键快速打开网址。

如果默认浏览器不是 IE 也不要紧，将浏览器中的收藏夹导出成文件，再用 IE 浏览器将这个文件导入就行了。

类似的操作还有很多，这里不做过多介绍，大家可以大开脑洞。

在职场中要处处运用工具思维，找到效率最高、运用流畅的工具，挖掘和组合出新的功能，解决日常工作中常见的问题，这也是对自己能力的一种持续提升。

如果领导无意中看到员工电脑桌面整理得井井有条，查找文件准确迅速，调用程序高效直达，能不刮目相看吗？对这种工作思路清晰、善于归纳整理、效率高能力强的员工谁不喜欢呢？

Tips:

　　1. 文件名命名时要按照一定的规律，比如以"项目名称＋负责人名称＋版本号＋日期时间"的方式进行存储，这样调用的时候非常方便，能够快速定位。

　　2. 可以将其打造成文件隐藏工具，比如你有什么秘密档案，要用的时候，只需按几个键调出 Everything，就能一秒到达！

1.2　天下武功唯快不破——提速 N 倍的快捷键

职场中的高手（简称：高手）给人的第一感觉就是快如闪电的速度和不假思考的精准操作，键盘哒哒作响，屏幕不断闪动，观者眼花缭乱！职场中的新人（简称：小白）小白总是会伸长脖子，眼光在屏幕上来回寻找，鼠标箭头让眼光游离不定。

有人统计过，好莱坞大片里的黑客和电脑高手从来都是"键盘党"，不管什么操作，都是啪啪啪敲几下键盘来搞定。为什么会这么设定呢？

作为电脑的输入设备，键盘和鼠标各有不同的定位。键盘讲究的是精确，追求的是速度。鼠标则是个定位设备，通过移动光标在屏幕范围内去寻找所要的目标范围。

大多数常用软件的菜单都有快捷键，用鼠标单击能完成的事儿都能通过几个键迅速搞定。简单地说，会不会用快捷键，用得熟不熟，就是区分高手和小白的标志。

1. 直指目标的快捷键

"还没下班呢？"老高开完会，拿着本子和笔回到办公室，看到小雯还在电脑跟前忙着什么。

"哦，就要弄完了，还有几个地方的格式调整一下，然后有组数据要汇总。"小雯抬头答道。

老高看着小雯用鼠标在菜单和工具栏来回单击着，摇了摇头说："这些常用操作用快捷键要快很多，来，我试给你看。"

小雯点了点头，站起来把鼠标和键盘让给老高。

老高按了几个快捷键，就把文档的标题加粗居中了，并且按照公司内部文件的格式要求调整好了字号。然后又切换到 Excel 的界面，同样也是用快捷键进行操作，一会儿就把表格的汇总和透视表都给做完了。

"快捷键操作确实挺快的，不过我就是懒得去记，觉得费脑子！"小雯说着自己也笑了起来。

"其实没有你想得那么难，又不是考试背公式，都是有规律的，一般来说和操作过程的英文缩写相关，而且最重要的是一旦你经常使用形成了肌肉记忆，就再也不会忘记。就像打字、骑车、游泳、开车一样，成为一种本能反应。你的大脑会自动完成，把注意力集中在更重要的事情上。所以根本不是费脑子而是节省你的脑力资源。"

"那所有的操作都要把快捷键记下来吗？

"办公软件、图形处理软件，功能齐全一点的大型软件都有几十或上百个快捷键，不可能都记住，也不需要都记住。但是一些常用操作的快捷键，如果用正确的方法来记忆和运用，记起来还是蛮容易的。一旦掌握了，可以大大提高工作效率。"

"那要怎么记呢？"小雯从旁边拉过一把椅子坐了下来。

"首先你要找到最容易记，平时用得最多的快捷键，然后在实际操作中通过反复运用形成肌肉记忆，然后再从这些键出发扩大范围，去关联更多的快捷键。"

2. 掌控一切的 Ctrl 键

"我们先来看看 Ctrl 键，来自英文单词'contrl'，是控制、管理、支配的意思，听起来很霸气。通过这个按键的组合，确实能够控制很多东西，先看最常用的这几个。"

常用按键组合

按键	对应功能	记忆方法及说明
Ctrl+C	复制	英文 copy 的首字母
Ctrl+X	剪切	可以把 X 想象成一把剪刀
Ctrl+V	粘贴	键盘上 c 的旁边，粘贴操作常常跟着复制
Ctrl+S	保存	英文 save 的首字母
Ctrl+Z	撤销	把 Z 想象成用笔划掉的痕迹
Ctrl+A	全选	英文 all 的首字母

"这几个快捷键我还是知道的，平时用得最多的就是 Ctrl+C 和 Ctrl+V。其他几个有时记起来了就用一下，记不起来就用鼠标在菜单里点或者是点工具栏。"

"虽然工具栏也很方便，但要用鼠标去点，耗费时间不说，还会分散注意力。比如 Ctrl+S 用左手可以很轻松就能按到，平时写文章做 PPT 和表格的时候，顺手就按个 Ctrl+S 保存，养成好习惯。"

"嗯，上次你跟我说了，我现在干活的时候已经注意到这点了，经常按 Ctrl+S 保存，没有再出现电脑崩溃忘记保存的事了。"小雯答道。

"最常用的操作分配给最方便的键是有道理的。像 Ctrl+C、Ctrl+V、Ctrl+S、Ctrl+Z、Ctrl+A 这几个键都在一起，光用左手就可以很方便地按到。其他几个组合按键 Ctrl+N 新建、Ctrl+O 打开、Ctrl+P 打印，分布在键盘上右手按键范围下，必须放开拿着鼠标的右手才能按到。因为这几个键的使用频率没有那几个高，不过 Ctrl 键组合的这几个快捷键是几乎所有软件都能用到，记忆也没有那么难。多用几次就熟了，可以节省很多用鼠标找菜单、找工具栏的时间。"

3. 替换鼠标单击的 Alt 键

"还有一个按键也很重要，Alt 键来自英文'Alternate'——交换、替换，它经常用来打开软件菜单。"

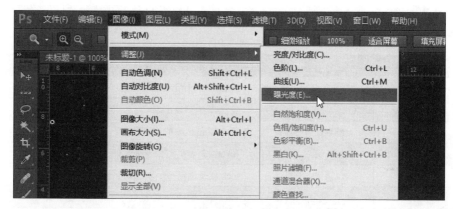

软件菜单项

"通常情况下，在软件中按一下 Alt 键，菜单栏就会高亮显示，这时再敲击对应菜单括号中的英文字母，就会弹出对应的子菜单。同样，敲击这些子菜单括号中的英文字母，也会打开对应的下级子菜单或功能窗口。例如打开上图中的'曝光度'，你可以用鼠标去慢慢点选，但是如果用键盘操作，只需要按 Alt+I，再接着敲 J 键和 E 键，就能打开对应功能窗口，响应时间不会超过一秒。"老高说着做了一下演示。

"怪不得我看你用 PS 的时候比我快很多，我在想难不成你把 PS 那么多快捷键都背下来了。"小雯说道。

"像 Photoshop 这种功能比较多的软件，给一些常用功能都设置了快捷键，可以看屏幕上显示的。这些快捷键有的是 Ctrl 键和字母的组合，有些是 Ctrl 键和 Alt 键一起再和字母组合，熟练之后可以节省大量的时间。也不用都记忆，菜单上都用括号给标出来了，只要你放弃用鼠标去单击的习惯，快捷键多用几次，常用的工具和功能就记住了。"

"哦，原来是这样，我还以为要花大把时间像考试背书一样去专门记呢！"小雯点着头说。

　　"Alt 键有时也会组合一些重要的功能，比如，Alt+F4 关闭窗口，Alt+Tab 切换窗口，等等，平时留意一下，可以节省一些时间。"

4. 跳出窗口的 Win 键

　　"在 Ctrl 键和 Alt 键之间有一个按键很特别，样子像个窗户，这就是大名鼎鼎的 Win 键。一般人很容易忽略它，其实用它可以实现很多快捷操作。"老高指着键盘上的 Win 键说。

按键	对应功能	记忆方法及说明
Win	显示开始菜单	Window 开始的地方
Win+D	显示桌面	桌面 desk 的首字母——换到桌面很方便
Win+M	最小化所有窗口	最小 minimize 的首字母
Win+E	打开资源管理器	资源管理器英文名 explorer——使用频率很高
Win+L	锁定计算机	lock 就是锁定——临时离开电脑时记得锁定
Win+R	打开"运行"对话框	run 就是运行——运行命令行少不了
Win+Tab	任务切换功能	和 Alt+Tab 功能类似
Win+ 数字 (1~9)	切换启动栏中程序	任务栏按顺序精准切换

Win 键与其他键的组合

　　Win 键的组合，不同版本的 Windows 略有差别，不过多数情况下差不多。Win10 下的 Win 键还有更多的组合。比如 Win + ↑（上方向键）使当前使用中的窗口最大化，Win + ↓（下方向键）使当前使用中的最大化窗口正常显示。Win + ← / →（左 / 右方向键）使当前使用中的窗口贴向屏幕左 / 右侧，占用 50% 显示器的面积。如果需要开多窗口对比参照，这个组合操作非常人性化，节省很多用鼠标拖动的时间。

　　"我平时没怎么注意这个 Win 键，也很少用。没想到还有这么多的功能。"小雯说着试了试几个 Win 键的组合功能。

　　"上面这三个按键可以说是快捷键的基础键，尤其是 Ctrl 键和 Alt 键，几乎所有的软件都可以用它们来组合，而且不同的软件之间也有一些相似和关联，有空可以找找其中的内在规律，我们再来看看常用办公软件里有哪些快捷键需要掌握。"

5. 办公软件常用快捷键

老高打开一个表格，上面显示了几个最常用的快捷键及组合。

按键	对应功能	记忆方法及说明
Ctrl+B	加粗	加粗就是变黑 black 的首字母
Ctrl+I	斜体	英文 italic 的首字母，想象 I 是斜着的
Ctrl+U	添加下画线	英文 under 的首字母
Ctrl+Shift+<	缩小字号	Shift 有换挡的意思，一次小一个字号
Ctrl+Shift+>	增大字号	一次大一个字号
Ctrl+]	逐磅增大字号	逐级增大
Ctrl+[	逐磅减小字号	逐级减小
Ctrl+E	居中对齐	Center 中间的第二个字母
Ctrl+L	居左对齐	Left 左的首字母
Ctrl+R	居右对齐	Right 右的首字母
Ctrl+F	查找替换	Find 的首字母

最常用的快捷键组合

"这几个键适合几乎所有的文字编辑相关的软件，可以省去很多鼠标在工具栏设置字体字号和更改对齐方式的时间。还是那个道理，先掌握易记的、高频使用的快捷键，这些从投入学习的时间和实用价值上来说'性价比'最高。"

"嗯，刚才我看见了，你用快捷键来调整格式确实速度很快，不过这些快捷键太多了，感觉记不住。而且工具栏上都有，用鼠标点也很方便，不一定非要都有记下来吧？"小雯反问道。

"从重要程度上说，这些快捷键不如刚才介绍的，不过如果你经常要来回调整文字格式，记忆下来也能节省很多时间。工具栏和菜单也能点，但是有时候还是要用鼠标去单击不同的标签，才能显示对应的工具栏，不如直接用快捷键方便。"老高说完在 Word 里单击不同的菜单标签，下面对应的工具栏随之发生了变化。

"好的，我也抽时间来记一下。"小雯点点头。

"其实记忆快捷键，也没有你想得那么难。比如你工作中用 Excel 特别多，那么抽点时间，搜一搜'Excel 快捷键'，把结果先复制到文档，然后打开电子表格一个个试用一下。在试用的过程中回想自己工作，哪些是最常使用的，哪些是能够提高 N 倍效率的，标红做出标记，并按重要性和频率进行排序，保存好这份文档。开始工作的时候，打开这份文档，一边用一边看，随时调整，随时修改。用不了多久，这些快捷键就会在你脑海中牢牢生根了。同样的方法也适用于Word、PPT 以及其他软件。"

6. 浏览器常用快捷键

浏览器是每个人每天都离不开的软件。看新闻、学知识、查资料、收邮件，每天都得用到。不过很多人都只是用鼠标单击链接，一个浏览器的快捷键都没有用过。我们看看浏览器常用的快捷键，想象一下你使用浏览器的频率，就可以知道今后你可以节省多少时间了。

"我平时用浏览器的时候就很少用快捷键，都是用鼠标点来点去，而且有时候会用上不同的浏览器，这些快捷键都一样吗？"小雯问道。

"市面上的主流浏览器，快捷键基本上都是通用的，掌握一种，其他的都能用。有空自己点开帮助文件，按照使用频率记一下，可以节省很多鼠标单击的时间，而且快捷键用多了，就会有一种电脑高手的成就感。"

按键	对应功能	记忆方法及说明
Alt+D	定位到地址栏输入框	地址拼音首字母——别再用鼠标点地址栏了
Ctrl+F	搜索当前页面中指定关键词	Find 首字母——别再用肉眼查找了
Ctrl+(+)	放大显示	+ 是放大
Ctrl+(-)	缩小显示	- 是缩小
Ctrl+0	按照原大小显示	显示错位的时候还是回到原点吧
Ctrl+W	关闭标签页	别再用鼠标去找右上角的叉了
Ctrl+T	新建一个标签页	标签页 Table 首字母——多标签浏览很方便
Ctrl+Tab	下一个标签页	快速在标签页之间切换

浏览器常用快捷键

老高说完看了看时间，"好了，时间差不多了，先下班吧！"

小雯笑了起来，"嗯，我也要多用快捷键，变成像你这样的电脑高手。"

在网上，有人把常用快捷键做成桌面壁纸，也有人在网上售卖专用的键盘快捷键贴纸和薄膜，这些都是帮助记忆的好方法，大家可以试试效果。

快捷键不只是能够让我们省下大量喝咖啡、伸懒腰的时间，还能够让我们在工作中把关注点集中到要解决的问题上。除此之外还能够树立专业职场形象，就像文章开头描述的一样，一个拿着鼠标到处找目标单击的形象是无法和效率达人画上等号的。

1.3 如何优雅高效地管理文档

前面介绍了如何通过快得令人咋舌的搜索神器秒速找到文档，但是不是"神器"在手，就搜索无忧呢？当然不是，文档的高效管理绝不仅仅是拥有一个搜索工具这么简单，下面通过故事来看看高效管理文档的方法。

1. 文档命名要规范

老高开完会回到办公室，看见小雯盯着电脑，眉头紧皱、神情紧张。

"怎么啦？"老高问道。

"区域公司临时安排的一个作业——要提交上季度活动流程的费用申请明细，三方比价的资料文档我不知道放哪里了。"小雯一边说，一边挠了挠头。在公司里，大家都习惯把总部和区域公司里下达的任务叫"作业"。

"没有用上次给你介绍的搜索工具吗？"老高走过来，拉了个椅子坐在旁边。

"用了，不过我忘记保存的文件叫什么了。"

老高看了一眼小雯的电脑屏幕，笑了笑说："文档命名不规范，搜索神器也犯难！如果你的文档都是'文档 1''新建文本文档 1''微信截图 _XXX.png'这些名字，那搜索工具再神通广大，也没办法找到你要的文档啊！"

"嗯，有时候忙起来，就图省事，直接单击保存，没有改名。"

"一般的搜索工具，都是文件名搜索，当然也有专门的文档内容搜索工具，但是速度超慢，必须遍历每个文档的内容，才能定位到里面的关键信息。所以要想高效地管理文档，第一步就是给你的文档取个规范的名字。"

"嗯，明白了。"小雯点了点头。

不同的公司、不同的岗位以及不同的专业可能对文件的存储和调用有千差万别的需求，但是基本原理是相通的。也就是，当你修改好文件名单击保存的那一刹那，就要想到以后怎样快速找到它。

所以在保存文档的时候，不要图方便、图省事，要按照命名规范保存。这时候多花几秒，将来可以节省几分钟、十几分钟的文件查找时间。

2. 文档类型分类存放法

"你还记得那个文件的类型是什么吗？"老高问道。

"记得，三方比价文件要求提交的格式都是 PDF 格式的。"小雯回答道。

老高敲了下键盘，调出搜索工具，然后输入"PDF"，搜索结果里显示出一堆 PDF 文件。

接着老高点了一下"按时间排序"，用鼠标拖动窗口右侧的滚动条。

当文件修改日期显示为上个月时，小雯指着屏幕说，"找到了，就是这个。"

小雯把文件打包上传到群里，交完作业，长长出了口气，"总算是按时交了作业！"

在文档的管理中，电子文档通过扩展名来区别类型，常见的有 doc、xls、txt、jpg、bmp、exe、com、pdf 等。电脑就是通过扩展名来识别和调用相关联的程序，来执行一系列的操作。有些电脑设置成默认不显示已知文档的扩展名，可以通过资源管理器里的'文件夹选项'，将其设置为显示。

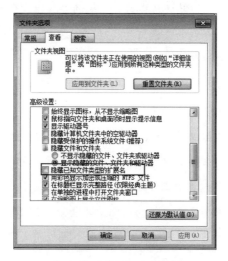

取消隐藏文件扩展名的选项

我们可以通过建立不同的文件夹，将同一类型的文件存放在同一文件夹下，比如图书馆里的图书，超市里的商品，用的都是这种方法。子文件夹的名称也必须包含必要的关键信息，方便将来进行搜索。

"我有时候忙起来了，就喜欢偷懒，所以电脑里有好多'新建文件夹'。"小雯说。

"养成给文件夹正确命名的习惯很重要，图片文件夹可以细分为照片、设计图、图片资料，照片下面又可以细分员工证件照、公司团建照片、年会照片，证件照可以按部门员工姓名来区分，活动照片可以按时间和地点来存储。需要查找调用的时候也非常方便，可以搜索文件夹的名称，也可以通过选择大分类到小分类的方法来缩小搜寻范围。这样，不会浪费时间到图片文件夹里去找视频，就像到超市买零食你不会到饮品区一样。"

（1）根据文档归属及关联性存放

"幸亏我把相关的文档都放在一个文件夹下，除了 PDF 文件，公司的资质、证件就都找到了。"小雯笑着说。

"嗯，这是存储文件的基本原则，文件之间都有一定的关联性，同属一个项目或者一个活动。这些文件虽然格式不同，但是彼此关联，相互依存，是个完整的整体，不能单独分开。这个时候就要以项目名称来进行存储，而不能把它们拆分开来按类别存放了。"老高看了看小雯，继续往下说。

"比如新年营销活动，里面可能包括活动方案 PPT、宣传物料设计图、礼品库存表、执行公司合同等一系列的文件。等这档活动结束了，可能还有活动总结复盘文档、现场活动照片等，都可以存在这个文件夹之下。如果将来需要调用，可以一次性将所有相关联的文件都调用出来，不会遗漏。"

文件夹命名示例

"哦，怪不得你每次交作业又快又好，我就是花太多时间来回找文件了。一会儿去图片文件夹找图片，一会儿又回来找其他文件，浪费太多时间。"

老高笑了笑，"项目文档管理也是如此，一些大型的项目，所涉及的各种合同、设计图以及各种其他类型的文档非常多。同样可以按照关联性，把它们存放在一起。因为这些文档的实际用途都是为这个项目而服务的。按类型存档适合于图片文件部分资料文件，但是对于项目、活动类的文档，最好的保存办法是按照彼此的相关性进行保存。将来用到的时候，可以一次性调用，既节省时间，又符合项目管理的逻辑性。"

"嗯，我也是这么存放的。"

"除了项目文件，公司办公文档集中存储也是按照归属性和关联性来进行存放的。比如各部门提交的文档，就要按照文档隶属的部门分别进行存放，需要查询和调用的时候，找到文档对应的归属部门就可以快速定位。比如人事部门存储的在职员工资料，里面就会包括员工信息表、学历证明、身份证、照片等不同的文件。"

（2）按时间线进行存储

"哦，明白了"小雯点了点头，"那是不是所有的文件都要按照这个规律去存储呢？"

"不一定"，老高摇了摇头"还是要根据具体的需要。"

"有时候我们需要按时间线来对文件进行存储。比如每周、每月、每季度、每年都要反复做的事，比如月度、季度、年度总结，员工绩效考核，月采购计划等。"

"嗯，我的周报就是存在一起，按照月份再按第几周去存储的。"

"时间线存储法适用于周期性的工作文档，比如日报、周报、月报、季报等，还适用于与时间关联性比较强的文件资料，包括照片以及其他资料都可以按时间脉络进行存储。再如，公司发展历程、大事记等相关文档都可以按照时间线进行存储。随着时间的推移，一些文档的重要性会逐步降低，可以根据需要将过往的文档资料进行打包、转储、封存，以节省存储空间，需要调用的时候再根据时间线索去查找。"

"我每次找不到文件了，就通过时间排序去找，有时候文件太多看得眼睛都花了。"

"按时间存放文档的好处是能够非常方便地进行回溯，当对工作进行梳理时，按照时间的先后顺序可以很清楚地搞清事情的来龙去脉。这对于管理大型项目、实施时间跨度比较长的工作任务是非常有帮助的。"

3. 办公文档命名规则

想要快速找到文档，命名非常重要。有些文档与其他文档没有太多关联，也没有时间上的承先启后关系，这种可以通过对文档名称设置关键字来解决。不同的行业，有不同的命名方式，但是原则都差不多。比如，时间 + 内容关键词 1+ 内容关键词 2+ 作者 + 所在部门 + 编号 / 版本号。

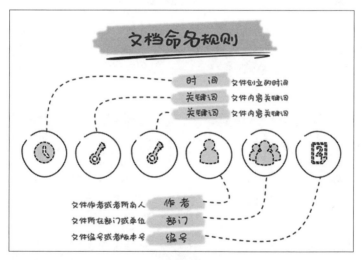

文档命名规则

这里有些例子：

2018 年 - 第三季度员工绩效考核 - 营销部

2018 年新年营销方案企划部

2018 年 11 月 7 日 ×××项目实施解决方案 v1.02

2019 年 11 月 8 日公司团建活动照片

2019 年 9 月中秋美食节照片

有了这些关键词和日期，再配合高速搜索工具，就能在需要的时候非常方便地找到文档。

4. 借用 GTD 时间管理理念来管理文档

"这些方法我都明白了，不过有时候真的很忙，顺手往桌面上一扔，时间一长，桌面都是各种文件。"小雯把窗口最小化，显示出来的桌面全是文件图标。

"其实我们可以借鉴 GTD 时间管理来对文件进行管理。"

"时间管理？"

"嗯，GTD 时间管理有 5 个步骤，分别是收集、处理、组织、管理，还有回顾。"我们稍加修改，把组织和管理合并，就形成了一套非常有效的文档管理步骤。

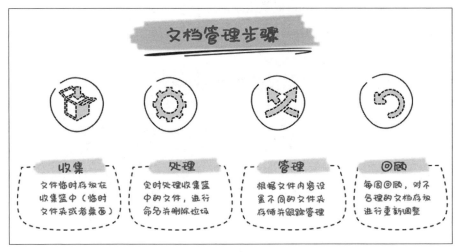

文档管理步骤

"你可以在收集篮里随手存放各种文件，电脑桌面也可以当成是收集篮。每天定时对收集篮中的文件重新命名，清理无用文件。根据内容移动到不同的文件夹，存储并跟踪管理。每周再回顾一次，对不合理的文档存放进行重新调整。"

"哦，每天都要花时间把临时存在桌面的文档进行整理和分类。"

"对，养成好习惯了，花不了多少时间就能整理完成。"

"嗯，好的。用这种文档管理的方法，再加上搜索神器，以后应该再不会为找不到文件发愁了。"

以上介绍的文档管理，有时候要根据实际情况进行不同的组合。不仅仅是工作中能用，也可以用于个人生活管理以及知识管理。掌握并熟练使用这套方法，

坚持用它来管理我们的办公文档以及其他各种文件、图片、资料，相信工作思路
也会如文档一般清晰而有条理。

1.4 怎么征服 PDF 的各种不服

　　PDF 文件是个"90 后"，是 20 世纪 90 年代 Adobe 公司才开发出来，是一
种跨平台的文件格式。没曾想推出之后，大受欢迎，收获粉丝无数。在合同文档、
设计样稿、说明文档、工作联系函、电子书籍等各种领域，都离不开它"婀娜"
的身影。

　　在工作中，如果不了解它的个性和脾气，可能会给你的工作带来很多麻烦，
被领导骂和加班加点都是常事。我们还是先来看看故事里所遇到的工作场景，以
及解决的方法。

1. 整齐划一——旋转页面及统一大小

　　"什么事这么着急？"老高走过来，看着小雯的电脑屏幕。

　　"这个 OA 被总部退回几次了，老说附件 PDF 有问题。时间节点马上就到了，
再不通过，就要亮灯了！"

　　集团 OA 系统如果逾期提报就会亮灯，节点相关人员会被通报批评甚至罚款，
整个分公司的年终绩效也会被扣分。

　　"按最新的要求，要加一张经营点位平面图在 PDF 里面。我加了，又说不太
清晰，标注不清楚。"小雯一边吐槽一边从座位上站起来，"快帮我弄弄。"

　　老高看了看，发现确实页面大的大，小的小，该标注的地方，没标注清楚，
有几页还旋转了 90°。

　　"你这不被打回来才怪，让领导做颈椎操啊！"老高笑着说。

　　"别贫了，怪点帮我弄啊！今儿周五了，还有一小时，再不报上去，隔一个
周末就真的亮灯了！"小雯着急地说。

　　"最稳妥的方法是全部导出成图片，用 PS 做好了再转回 PDF。不过这时间
上可能来不及了，这样吧，用我的 PDF 神器来搞定。"老高说完，回到自己的工

位，用 QQ 传了个安装文件给小雯，让她安装。

回到小雯座位上，老高把软件安装好了，对小雯说："用我推荐的这款 PDF-Xchange Editor 软件，可以实现很多功能。"

"比如，你有一页扫描图方向放错了，要把它旋转过来。传统方法是全部导出图片统一大小、旋转方向，完了再重新制作成 PDF，但用这款神器操作起来就很简单。"

"先在【视图】菜单里面调出'页面缩略图'或者用快捷键'Ctrl+t'。"老高一边讲一边操作电脑。

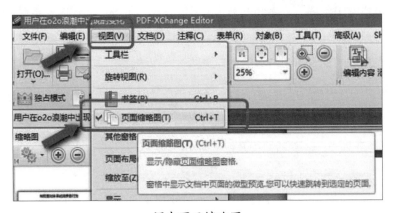

调出页面缩略图

"然后在缩略图上选中你要旋转的那一页，在'视图'中单击旋转视图。"

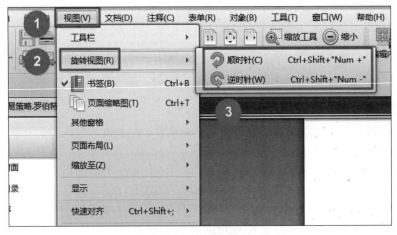

调出旋转页面设置窗口

"哇，这么方便！太好了，不然我又要自个儿弄半天。"小雯接着问道，"有些页面是我后来加进去的，大小不统一怎么调呢？"

"和旋转差不多，也是在缩略图里选择你要缩放的页面，右击选择缩放，再在弹出的窗口选择你要的尺寸。"老高一边说，一边操作了一遍。

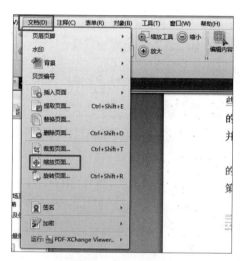

调出缩放页面设置窗口

调整页面大小

"操作完成后，注意保存成果。"老高说完，按下快捷键"Ctrl+S"。

"上周报流程，我加了好几天班才报完。你要是早点告诉我，我要少加好多班啊！"

工作中经常会遇到一些 PDF 文档打开后，里面有一些页面一会儿向左，一会儿向右；还有些页面一会儿大、一会儿小，阅读时需要不停进行缩放。

究其原因，文档制作者在封装之前，没有将图片的方向旋转统一，也没有将尺寸缩放成统一的规格，这样的阅读体验糟糕透顶。下次再发现文档里面有些"迷失方向"和"自我膨胀"的页面，就可以用上面介绍的方法轻松制服它们了。

2. 写写画画——PDF 的标注和修改

小雯凑到屏幕前面，指着屏幕说，"有没有标注的办法？"

"当然有，这款软件的标注功能很丰富，除了可以添加文字标注，还有很多丰富的工具，我演示给你看看。"老高一边操作一边接着往下讲，"我们先来看看添加文本注释是如何操作的。"

"先在工具栏选择'添加文本'工具，然后在你想进行标注的地方单击鼠标，就会出来一个文本输入框，同时工具栏下面就会多出来一条新的文字工具栏。你可以通过这个来设置文字的大小、颜色、字体以及其他格式。"

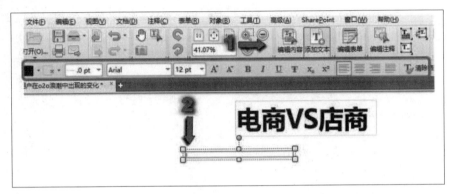

添加文本的方法

"你还可以通过窗口右边的页面属性来设置。"

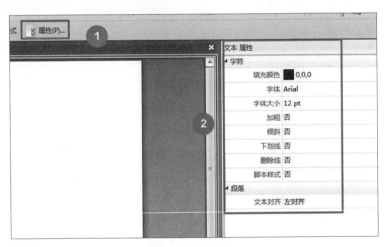

文本属性设置

"那如果我要给文本加个框呢？"小雯问道。

"那就要用到矩形工具了。"老高答道，"你画好了矩形，同样工具栏下面会多出一个矩形属性工具条。你可以用它设置框线的颜色、透明度、光影效果，线型。除了矩形工具，还可以通过各种形状、线条、箭头的组合，标注出重点内容。"

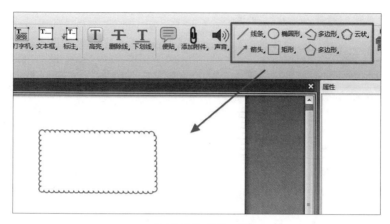

工具栏里的形状工具

"另外还有距离工具，可以标注两点之间的距离。有时一些不是追求高精度的示意图，就不需要导出图片打开 CAD 进行标注后再导入 PDF 这么麻烦了。"

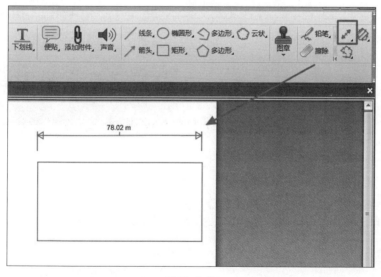

标注尺寸

"是啊是啊！有时候要导到 CAD 里面好麻烦，文件大一点，电脑就卡在那儿半天不动。你这款软件和瑞士军刀一样啊！"小雯笑着对老高说。

3. 换个马甲——各种不同文档之间的转换

"那它可不可以把 Word 转成 PDF 呢？我经常有总部的标准合同要发给客户，

但又不能让他们修改。"小雯问道。

"当然可以啦！这款软件可以打开包括 Word 格式、纯文本、图片在内的十几种文件，打开后另存为 PDF 文件就实现了转换，非常方便快捷。"

老高看了看时间，站起来对小雯说："时间不多了，你赶紧把流程报了吧！有空再研究其他用法。"

小雯在老高的指导下，把方向错误的页面旋转了过来，然后统一了所有页面的尺寸，又按需要调整了一下标注。平时需要折腾半小时以上的事，几分钟就搞定了。

小雯点完提交按钮，对老高说："搞定！下班了，请你吃饭！"

"改天吧，今天我还有事呢！有空多研究一下，提高工作效率就可以少加班。"老高笑着说。

有时候 PDF 文档常常会和其他的文件之间进行转换。从其他格式转换为 PDF 比较简单，用编辑器打开这个文件然后另存为所需要的格式即可。

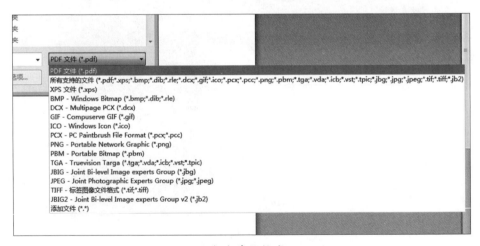

另存为其他格式

从下拉列表中可以看到，支持的文件很丰富，新版的 Word 也支持另存为 PDF。

PDF 可以另存为幻灯片格式 *.pptx，但是要注意这种方法存储的 PPT 是无法进行修改的，每一页 PPT 都是一整张图片。

4. 打开盖子——导入导出内置图片

其实 PDF 文件可以看作一个玻璃容器，里面封装了一堆图片文件，但多数情况下是无法修改的，比如标准合同、设计样图。但有些特殊的工作场景，还是需要对里面的页面进行修改、标注。需要把封装好的图片页面给拆散，拿出来，用其他软件进行调整后再封装回去，就像打开玻璃容器的盖子，把里面装的东西拿出来，整理好了再放回去。这个过程在 PDF 软件里面叫作"导入导出"。

先在文件菜单里找到导出，在弹出的菜单里面有各种选项，可以选择需要导出的页面范围、图像类型以及存放的位置。

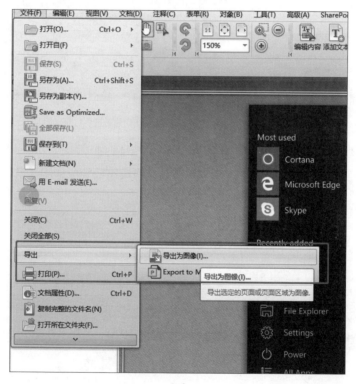

导出

通过下拉菜单可以看到，支持的图像类型还是非常丰富的。我们可以根据需要来进行选择，还可以对导出的文件的分辨率、尺寸进行调整。

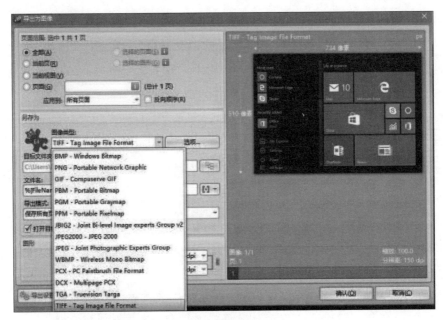

导出为图像

可以把 PDF 内的页面导出成图片，通过图片处理软件进行裁剪、修改，把整理好的图像文件放在一个文件夹下，然后在"新建文档"里面用"从图像文件"进入导入，保存为新的 PDF 文件。

以上对如何解决 PDF 文档中的各种问题进行了一些介绍，在工作中运用工具思维，好好研究各种工具软件，找出最快捷、最方便的方法，熟练运用后可以大大提高工作效率，节省工作时间！

1.5 截图到位，工作不累

前面为大家介绍了工作中的一些工具思维，如何利用各种工具高效地工作。其实工作中经常需要和不同的对象进行频繁而猛烈的互动。

如果说工作中的沟通是一种信息交流，那么截图就是一种高效而密集的信息轰炸。一图胜千言，有时候一些场景用文字根本无法准确描述，而截图就是最好的解决办法。

我们来看看下面的故事，也许你也遇到过这种工作场景。

1. 一图胜千言

小雯正在做这档营销活动的宣传图，忽然看见曹总在群里发了条消息："咱们公司 App 的智能停车里，怎么绑定车牌号？"

小雯一边打开 App 对照着，一边打字："登录 App 后，单击下方最右边的'我的'，然后再单击'停车缴费'，进入停车后再单击'车牌管理'……"还没打完呢，就看见老高在群里发了几张图。

智慧停车　　　　　　　　新增车牌　　　　　　　　车牌录入

看着老高发的图，小雯取消了自己打的文字，给老高发了条消息："你这也太快了吧，PS 做的？"

"不是，用一个截图软件做的。PS 太慢，打开就要半天。"老高回道。

小雯发了个惊讶的表情："又是什么好工具？快教给我！我正在做这次活动的宣传指引图，一大堆图，做得好累。"

"好啊，你来，我教你！"老高回复。

小雯走到老高的工位旁边，拉了张电脑椅坐下："你这好多宝贝啊！我要多偷点师。"

这时曹总在群里发了个 OK 的表情，跟着又发了一个赞的表情，老高也回了个握手的表情。

2. 截取软件菜单

"PS 虽然强大，但是打开太慢，适合做复杂的图，慢工出细活。有时候我们只需要简单地截个图，做一些指引，QQ 截图功能又太简陋，所以我有时会用一些专业的截图软件，比如说这款 PicPick。"老高说着，演示给小雯看。

"有时候需要截取一些软件的菜单做操作指引，但是当你按下 QQ 截图的快捷键时，发现菜单没有了，根本截不下来。"

"对啊，我以前就经常遇到别人问软件问题，我想截菜单截不下来。"小雯说道。

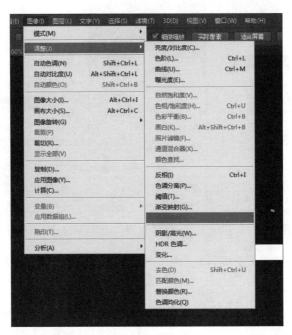

菜单截图

"用 PicPick 就很容易实现，"老高一边说一边演示，"当你按下默认快捷键 Print Screen 键后，屏幕会出现十字交叉的光标，按住并拖动就完成了截屏。截屏后的内容被直接送到了 PicPick 编辑器，这里有非常方便的工具。比如说箭头。"老高说着，单击箭头工具，又点了下拉框，屏幕上立刻多了几个箭头。

"确实很方便，比 PS 快多了！这样好方便啊！我以前都是全屏截图后再修改的。"小雯点着头。

3. 善用工具快速标注截图

和 QQ 截图不同的是，工具的样式可以通过设置来改变，大小、颜色都可以通过属性菜单设置，灵活度非常高。

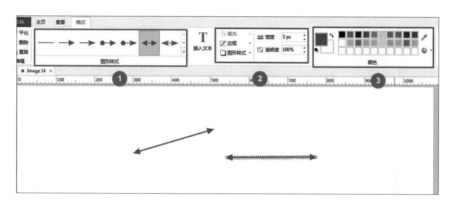

箭头工具

除了箭头工具，还有线条工具、形状工具、模糊工具都很实用，有空你自己研究一下。这里重点介绍一下图章工具。

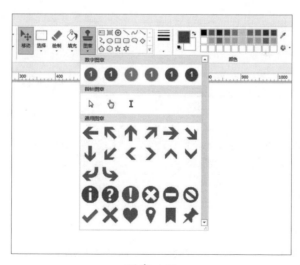

图章工具

图章工具，可以很方便地为操作步骤编号。通过轮廓、填充和效果，分别可以设置它的线条、颜色和阴影。如果有几种不同的编号，还可以单击'重新开始序列'进行重新编号。

小雯看着老高说："刚才你在群里发的步骤指引就是用的这个吧，确实很快，我字都没打完。"

"内置的图案就非常不错，常见的勾、叉、圈，这些图案就像印章一样，也是有图层可以拖动修改的。"

4. 截屏自动保存

有时我们需要大量截屏，如果每次截完都要保存成文件，输好文件名再点保存，感觉非常烦琐。PicPick的自动保存功能就可以解决这个问题。

自动保存

在程序选项里勾选'自动保存图像'，然后选择需要保存的文件夹。这时你再截屏，图片就会自动保存到这个文件夹里了。适合那种需要高频率大批量的截图工作，全部截完了再到文件夹里去处理保存的图片。

5. 滚动截屏

"对了，我上次提报OA时需要把整个批复流程都截图保存，那个报到总部的OA超长，只能一屏一屏地截取，然后再拼起来，感觉好麻烦。"小雯问道。

"PicPick就能解决这个问题"老高说着，用鼠标右键在任务栏右下角的PicPick图标上点了一下，弹出一个菜单。

启动滚动窗口截屏

"在出现一个红色矩形框时，鼠标移动到需要截屏的窗口右侧，单击滚动条。PicPick 就会自动开始滚动，直到滚动条走完或者中途按 ESC 键退出。截好的长图会被送到编辑器，等待编辑。"

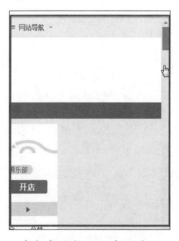

单击滚动条开始滚动截屏

"哇，这个功能太好了"小雯情不自禁地鼓起了掌，"我找了好久都没有找到好办法，每次拼接长图都头疼死了。"

"好的工具就是为了解决某种工作场景下的特殊需求，可以让你省很多事。这款软件还有其他的功能可以发掘，比如白板功能，在做工作汇报和讲解的时候就非常有用，有兴趣你自己也可以研究一下。"

老高介绍完了软件，靠在椅子对小雯说："除了这些功能，还有许多功能，感兴趣的话自己研究研究。"

"嗯，这个软件挺酷的，我这就去好好研究研究。"小雯谢过老高，开开心心地回自己办公室去了。

上面故事中的工作场景你也会遇到，截图也不是什么高深的技术，但是找到合适的工具却很重要。大多数人可能因为方便会直接使用 QQ 截图、浏览器自带截图插件，不用另外启动软件，速度快，但相对而言功能比较简单。有些特殊场景下的功能无法直接实现，比如截取菜单、滚动截图、整个网页截图等。

Photoshop 作为专业的图片处理软件，功能很强大。但是启动速度慢，使用比较复杂，对于截图后的各种标识、编辑都不在话下，但是毕竟是个图片处理软件，上面说的截取菜单、滚动截图、整个网页截图等功能同样无法实现。

这个时候专业的截图软件就凸显出价值来了，速度快，效果好。针对常见需求集成相应的功能模块，一键直达。这类软件有不少，除上面介绍的 PicPick 以外，Snagit 也是一个不错的选择，还有 FastStone 等。

平时有空的时候可以有针对性地研究一下，各种工作场景下如何用软件迅速解决，包括手机上如何截图、如何编辑。现在很多手机都有非常方便的截图功能，比如，小米手机就有三指下滑截屏、语音截屏、截长屏（滚动截屏）等非常人性化的功能，截屏后还可以编辑；华为手机也有指关节叩击屏幕快速截屏的功能。

很多人除睡觉以外，手机几乎不离手，却不知道怎么用手机快速截屏，怎么滚动截屏，怎么截屏后编辑修改。其实这些功能花不了几分钟就能搞明白。

截图到位，工作不累！

哪怕是截图这个小小的工作需求，都体现了工具思维的重要性。好的工具能让你提高效率、事半功倍；好的工具能让你思路清晰，显得更加专业。通过研究不同的工作场景和适配的工具软件，你慢慢就能体会到效率达人、职场高手的那种一切尽在掌控的工作状态。

1.6 如何用好思维导图这个职场利器

思维导图，又叫思维脑图、心智图（Mind Map），是一种图像式思维工具。发明人东尼·博赞最初是为了提高记忆力开发出来的，普及之后，没想到它在日常生活、学习、职场等各领域都发挥了巨大的作用。人们用它发散思维、管理日程、学习记忆、理清思路，找到解决问题的方法。

从制作方法来说，有纸笔手绘和电脑制作两大流派，这两种方法各有优缺点。手绘想怎么画就怎么画，比较自由。但是那些没有绘画基础，字也写得也不好看的"手残人士"制作的思维导图就像是涂鸦，很难与人分享。光是辨认图画和文字就要费心费力，不适合在职场中运用。

用电脑软件制作的优点显而易见，容易阅读，修改方便，不受纸张限制，有很强的拓展性。我们一直强调的是工具和效率，这里主要和大家分享如何用电脑软件制作思维导图，帮助我们在工作中梳理思路，快速找到解决问题的方法。

1. 手绘思维导图和软件制作思维导图

小雯回到办公室看见老高坐在电脑跟前，屏幕正在来回切换着程序。看见小雯回来，老高放下手中的活，端起杯子喝了口水，说道："今天心情不错啊！作业都做完了？"

"是啊！用了你教我的方法，效率简直太高了。最近几次区域催交作业，我都是第一个交的。"小雯看了看老高的电脑屏幕，问道："咦，你这是什么软件？"

"这是思维导图软件，做 PPT，做笔记都用得着。"

"哦，听说过，上次曹总说叫我有空学习一下思维导图，你忙完了教教我。"

"刚刚做完，等我保存一下。"说完，老高按了下保存的快捷键，然后从文件夹拿出一张纸，递给小雯。

"这就是思维导图，不过是手绘的，有时我也会用手绘加深一下印象。不过工作中还是用软件效率高一些，而且方便修改。"

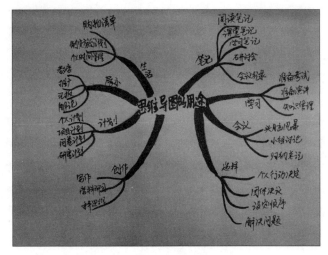

手绘思维导图

"思维导图软件有很多，如 MindManager、iMindmap、mindmapper 等，在线版还有幕布和百度脑图。我用的这款叫作 Xmind，比较容易上手，适合初学者，免费版本的功能能够满足大部分人的需求。这是上面那幅手绘的思维导图用 Xmind 转换之后的效果。"

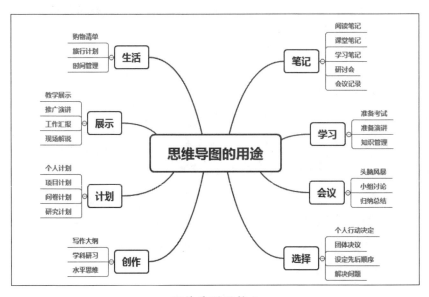

思维导图风格 1

"嗯，这样看着清楚多了。"小雯点了点头。

　　"用软件制作思维导图的好处就是修改方便，既然是整理思路，就有个修改和调整的过程。修改文字、调整顺序、改变层级，在电脑上都可以就轻松搞定，还可以自由变换风格。"

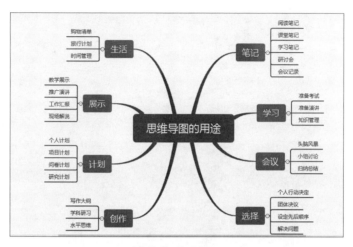

思维导图风格 2

思维导图风格 3

　　"当然手绘思维导图也有很多优点，总结起来手绘适合个人整理思路，比较私密，可以加深印象。电脑软件制作适合商业领域，更容易分享和传播。"

2. 基本操作

"我们先来看看怎么从零开始做一个思维导图。"老高关掉几个窗口,单击了新建按钮。

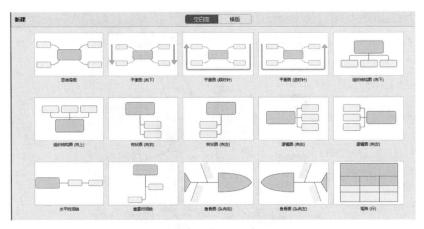

从模板新建思维导图

"从文件菜单里选择【新建】,这时候软件会让你选择一个空白图的模式,除了思维导图模式,还提供组织结构图、鱼骨图等各种方式。这些后期都可以调整,不用纠结,先选左上角的思维导图式,再选择默认的模板,就建立了一个全新的思维导图。"

"鼠标选中屏幕中的【中心主题】双击或者按F2键,就会弹出修改框,直接录入你自己的主题,回车完成。"

"按回车键后可以看到添加了一个'分支主题1'的主题,继续按回车键,可以建立同级别的分支主题,按 insert 键是建立下级子主题。也可以鼠标选中一个主题单击右键,在弹出的菜单中选择'插入'。"

插入主题

"我来试试。"小雯接过鼠标和键盘，自己试着来插入主题，结果不小心输入错误。

"打错了！该怎么修改？"小雯问道。

"双击可以修改主题名称，或者用 Delete 键删除重输入。主题的位置错了，可以直接用鼠标选中它拖到正确的位置，当它变成红色时释放鼠标即可。对了，就是这样！"老高指着屏幕。

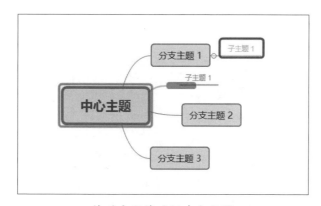

拖动主题修改级次和位置

3. 修改主题信息增加主题联系

"录完各主题的文字内容之后，我们还可以给主题添加各种附加的信息。例如图中的备注、标签、批注、超链接、附件等。"

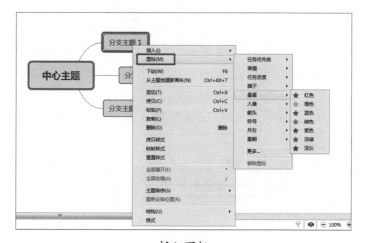

插入图标

"你那些好看的图标是怎么加上去的呢？"小雯指着屏幕问。

"用鼠标选中主题并右击，在弹出菜单中选择'图标'。有很多不同的图标分类可以让你选择。也可以自己搜索喜欢的任何图片粘贴进来，调整好大小，然后拖动到主题上。可以利用优先级工具给主题标上号，快捷键是 Ctrl+ 数字键。"

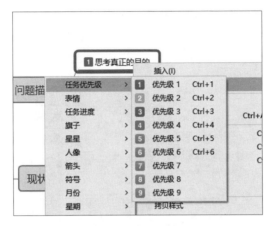

插入优先级图标

"我来试试。"小雯拿过鼠标，开心地给主题加上各种各样的图标。

"好了，有空再玩吧。"老高从小雯手上接过鼠标，继续往下讲："各主题之间除层级关系之外，有时候需要跨越不同的层级让主题之间产生联系。"

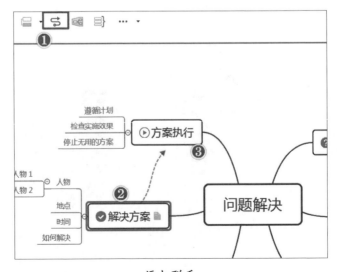

添加联系

"先选中目标主题，再单击工具栏的'联系'按钮，也可以按快捷键
Ctrl+L，然后拖动鼠标到目标主题。"

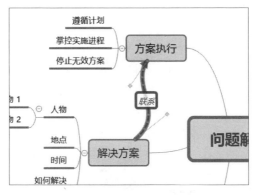

曲线调节

"两个主题之间就会产生一条曲线，两端各带一个调节手柄，拖动小方块，
可以调节曲线的曲度，中间的联系文字可以自行修改。"

4. 设置风格和格式

"这个也挺好玩的，有空我来试试。你刚开始给我看的那张导图，同一个导
图有不同的颜色和线条搭配，需要重新做吗？"小雯问道。

老高笑了笑，"这就是软件和手绘的区别。在这个软件里叫作风格和格式设置。"

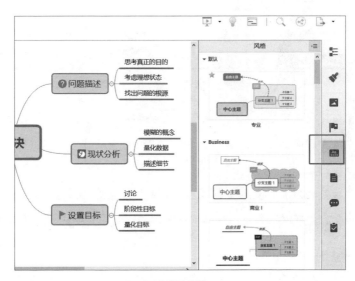

风格设置

"右边的这个侧边栏上有个风格设置的按钮，单击之后画布和侧边栏之间会弹出风格选择列表。里面已经内置了十多种各种类型的风格，有商务的，也有比较个性化的。双击你中意的风格，就能立即看到更换效果。"老高说着切换了几种不同的风格给小雯看。

"有时候这种整体效果还不能达到满意的效果，这时候就需要使用格式设置了。"

"在侧边栏找到像刷子一样的格式设置图标，单击之后是格式设置选择栏。"

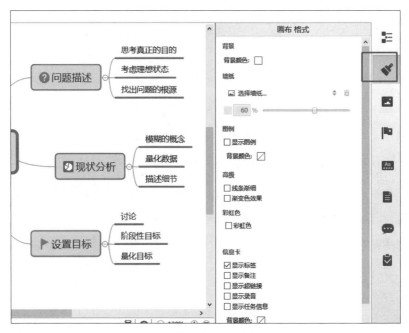

格式设置

"在空白处点一下鼠标左键，就会发现右边设置栏的标题变成'画面格式'，在这里可以设置画面的颜色，'线条浅细''浅变色效果''彩虹色'以及信息卡的显示与否。"

"选中主题之后，设置栏变成'主题格式'，这里可以设置边框、线条、字体的大小和颜色。可以把各个功能都试一下，相信能找到你最喜欢的搭配。"

5. 思维导图的应用场景

"嗯，这个软件感觉上手比较简单，不过要做出你那些不同用途和风格的导图，好像也挺费时间的。"

　　"软件设计也想到这一点了，所以提供了很多现成的模板。在'新建'那一步，'空白图'的右边有个'模板'标签，单击之后，就会出现模板选择界面。这里有常用的商业、个人、教育的经典模板。通过应用这些模板，我们可以轻松建立各种实用的思维导图，只需要在模板的基础上增删修改就行了。"

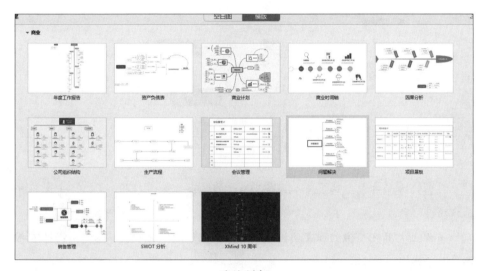

系统模板

　　"软件操作我基本上会了，可是一般在什么情况下才用得上思维导图呢？"小雯歪着头问道。

　　"思维导图的用处多得很，可以这么说吧，只要能用得着思维的地方都用得上。"看着小雯疑惑的表情，老高笑了笑，"这样说有点虚，说具体点吧。比如说做PPT，如果你先用思维导图把自己的思路理清楚，把结构画出来，然后再着手做，效率就会高得多。"

　　"原来是这样，我说怎么看你做PPT又快又好，而且看起来思路很清晰。下次我也试试。"

　　"用思维导图还可以用来做课程笔记、会议记录，可以迅速捕捉到重要关键词，不同层级的主题，可以梳理清晰各自的逻辑关系，整理成文字稿也非常方便。"老高说着调出一幅思维导图。

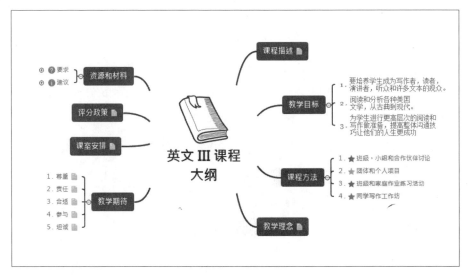

课程笔记

"嗯，看起来是一目了然，相比纯文字的版本，要高大上多了。"小雯点着头说道。

"你上次用 PPT 做组织架构图，我看你来回修改了好多次，感觉用得很不顺手。"老高说。

"是啊，上次公司架构调整，让我做组织架构图，来回修改把我烦死了。"小雯嘟着嘴巴说。

"你试试用这款思维导图做，修改层级，调整部门，可以直接拖动，非常方便。"

"感觉今天又学到了很多，有空我得自己研究一下。"

"思维导图可是个职场利器，花点时间掌握它的用法，可以给自己加很多分。"小雯冲着老高一鞠躬，高兴地回去了。

上面只是讨论了思维导图入门的操作和一些基本用法，除了这款软件还有很多其他的思维导图软件可以选择，不过操作上都大同小异，可以根据自己的喜好进行选择。

6. 思维导图的学习和运用

思维导图现在基本上已经成为职场人士的必修课，从会议记录、工作笔记到计划安排、总结汇报，到处都有思维导图施展的空间。教育行业也开始用思维导图作为整理工具。总结起来，思维导主要有以下用途：

（1）整理思路

把大脑中所想所思写出来画出来，提取关键信息，并按照分类进行归纳整理。从不同的角度，不同的层级，进行细化、拆分，让结构更加明了、逻辑更加顺畅、思路更加清晰。

这是思维导图的基本用法，也是最重要的用法。

（2）增强记忆

思维导图已经在教育行业中被广泛应用，作为一种视觉化的输出工具，思维导图能够将知识进行分类、合并、归纳、演绎、推导，增加知识之间的关联度，同时也增加信息在大脑中的神经链接。知识的记忆力自然得到提高。

（3）帮助决策和判断

遇到错综复杂的问题，常常会觉得脑子里一团乱麻，不知道从哪里下手。用思维导图很容易就能把思路整理成一张行动路线图，向左还是向右，往南还是往北都展示得清清楚楚。选择哪条路分别存在什么风险和机会，有什么有利和不利的因素，无论个人选择职业发展，还是企业制作战略规划，思维导图都能帮助判断形势，制定下一步的决策。

除了以上总结的用法，思维导图还有很多运用场景，比如，有些人用它来整理人物关系图，有些人用它来制作时间安排表。不过要提醒大家，思维导图只是一个帮助我们整理思路的工具，也不能过度使用，拿了把锤子觉得哪儿都是钉子。

学会正确运用思维导图，可以帮助我们成为一个思路清晰、逻辑清楚，善于分析问题和解决问题的职场效率达人。

1.7 用搜索引擎让大脑开挂

在计算机没有发明之前比拼纯脑力的时代，博闻强识是对一个好脑瓜最高的评价。家里有一套《十万个为什么》就足以应付想象力还没有被扼杀的孩子们的各种脑洞大开的问题，甚至还有人以上门推销纸质版的《大英百科全书》为业。

计算机、互联网、搜索引擎出现之后，一切都变了。即使没有一个能塞进各种海量知识的好脑子也没关系，打开搜索引擎，用对关键词就能找到正确答案。十万后面再加 n 个零的"为什么"，也能轻松应对。纸质版的《大英百科全书》发行 244 年后绝版，竞争对手是维基百科网络版的百科全书。

这个时代搜索能力绝对是需要掌握的最重要的能力，尤其是在职场上、工作中。领导不会像老师一样在教学范围之内给你出题，你也不可能跟领导说您这问题超纲了，我没学过。怎么办？想办法找到解决问题的方案！这才是你的存在价值。

我们先看看下面这个故事，职场中每天都在发生的场景。

1．用搜索快速找到解决方案

老高刚刚看完这个月的营销活动方案，电脑右下角的 QQ 头像闪了起来，点开一看是小雯问了个问题："我在做多经场地的租赁合同，面积这里有个平方米，在 Word 里面应该怎么打啊？"老高在浏览器的搜索框里输入"Word 上标"，选了一下，把搜索结果的链接发给小雯。

过了一会，小雯回道："哇，这么简单啊！我鼓捣了半天。"

老高回了个笑脸。

"对了，上次我看你浏览 Excel 表格往下翻的时候，第一行始终保持不动，这个是怎么弄的？"小雯又问到。

老高又在搜索框里输入"Excel 冻结窗口"，然后选了一个图文并茂的答案，把链接发给了小雯。

过了一会小雯回了个大拇指向上的赞。

"这个方框里面打钩是怎么输入的？"小雯又发了一条消息给老高。刚发完，就收到老高的回复信息，是一个链接"Word 里面方框中打钩的 3 种方法"。

2．找到正确的关键词才能得到正确的搜索结果

停了一会小雯又说"为什么你什么都知道？"

"看来你的问题真不少！授人以鱼不如授人以渔，这会正好不忙，我过去跟你聊聊。"说完老高走到小雯的工位前，拉了把电脑椅坐了下来。

"其实有时候你问我的问题，我也不是完全知道每个问题的详细步骤，但是

我知道怎么去找到最好的答案。"

"用搜索引擎！你以前跟我说过，可有时候就是不知道怎么搜。"

"首先我们遇到问题的时候，要先学会分析问题，把问题中的关键词给提取出来。然后用关键词搜索，再在搜索结果中选择。如果关键词不是很恰当，可以根据第一次的搜索结果调整关键词，再次进行搜索。"

"比如你问的第一个问题，在 Word 中怎么录入右上角的平方。你可以先搜索'平方米在 Word 中怎么录入'"老高一边说一边在键盘上录入。

"在搜索结果中，你会看到有几种方法都可以实现。其中提到了'上标'这个概念，所以其实你问的这个问题，就是 Word 中上标的录入方法。下次你就可以直接搜索'Word 上标'。了解了上标，还可以看看下标是怎么录入的。"

小雯一边听一边点着头。

"有时候我们搜索答案的时候最好把句子中的词给提炼出来，这样搜索效率更高。比如搜索'Excel 首行固定'就比'Excel 表格往下翻的时候，第一行始终保持不动'这种句子效率要高。当然你了解这个操作实际上是通过 Excel 的菜单'冻结窗口'来实现的，下次就可以直接搜索'Excel 冻结窗口'了。"

说着，老高调了张图出来。

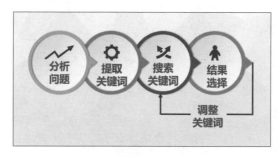

搜索步骤

"我们工作中遇到的大部分问题都有人遇到过，有人在网上问过，也有人回答过。只要学会了图中的这个过程，找到正确的关键词，就能找到答案。"

3. 掌握一些基本的搜索规则

"有时候我搜索发现结果不是很准确，有时候搜特定格式的文件出来的结果太多，有的时候只记得部分的关键词，这时候应该怎么办？"小雯问道。

　　"解决这些问题，就要了解一些搜索引擎的基本规则了。比如搜索时给关键词加上引号表示代表完全精准的匹配，也就是说搜索结果是完整出现而不会被拆分。还有书名号，表示搜索的是一部作品，比如小说、电影等，而不是普通意义的词语。"

　　老高说着在搜索栏输入"手机"，又打一个页面在搜索栏输入"《手机》"。前面一个页面出来的结果是和手机这个数码设备相关的，后面一个页面出来的结果是以"手机"为名字的影视剧。

　　"还有'filetype:'的用法，用于查找特定格式的结果，比如'filetype:pdf+关键词'，出现的搜索结果都是 PDF 格式的文档，如果把 pdf 换成 ppt，返回的搜索结果都是 PPT 格式的文档，在搜索某种模式的文件时非常有效率。"老高一边说一边演示。

　　"从某个特定网站获得搜索结果，可以用'关键词+site:pan.baidu.com'指定搜索百度网盘上的相关内容。'site:'后面跟的站点域名，不要带'http://'。另外，'site:'和站点名之间，不要加空格。"

　　"至于搜索结果太多，可以用减号来缩小搜索范围。A-B 搜索包含 A 但是不包含 B 的结果（A 后面的空格不能省略）在搜索结果中去掉减号后面的内容，用于缩小搜索范围。"

　　"对于最后一个问题，可以用通配符星号来解决。通配符包括星号'*'和问号'？'，星号表示匹配的数量不受限制，而后者的匹配字符数则受到限制。很多时候想搜一个东西但是不确定具体名字，或者只记得部分关键词，就可以用星号代替忘了的字。"

　　小雯眼睛睁得大大的，"原来搜索还有么多门道啊！我以前就是自己瞎搜的，怪不得好多问题找不到答案。"

　　"当然了，搜索可是一门学问。除了上面给你介绍的这些搜索的基本技巧外，还有很多。这会要下班了，我们就聊到这儿吧！有兴趣你可以用'搜索技巧'当关键词，好好学学！"

　　故事讲完了，其实都是一些很基本搜索技巧，但是就是这些小技巧，大多数人都不愿意花时间去了解。

人类发明了现代化的交通工具，速度大幅提升；人类又发明了现代化机械，力量大幅提升；人类又发明了计算机和互联网，这次大幅提升的是脑力。无论是广度还是深度，无论是存储还是计算，计算机都远远超越了人类大脑。而搜索引擎解决的是告诉我们弱水三千该取哪一瓢。

花点时间，研究一下搜索技术，用好这个扬帆信息海洋的罗盘。掌握了搜索技术，就是给自己的大脑开了外挂，用别人的脑力解决你的问题，你不再是一个人在战斗！

1.8 用"神级"贴图工具扩展工作界面

一个好用的工具不仅能解决工作上的烦恼，还能极大地扩展工作界面。给人一种豁然开朗的感觉：没想到还能这样？原来这项工作可以用这个方法来解决。受到启发后，甚至可以发展新的一套更为合理、更加高效的工作方法。

今天介绍的这款软件就是这样一个让人惊叹、给人启迪、引人深思的工具，初次相遇，可能会觉得体积不大、界面简单，功能也没有什么特别之处，可是随着时间推移，理解了应用场景之后，就会赞叹不已。闲话不说，我们开始。

1. 智能识别截图区域

小雯抱着一摞文件回到办公室，看见老高用鼠标在屏幕上拖动着框。小雯放下文件走过来，问道："你这又是什么软件？不像是上次你介绍给我的截图软件啊！"

"哦，这个是另外一款，功能强大多了。"老高回头答道。

"是吗？我看这个界面挺像 QQ 截图的，有什么强大的功能呢？"

"别看它的截图界面长得像 QQ 截图，可是功能大不一样。比如说，这时候我要截取窗口的一部分。"老高说着，按了一下键盘上的功能键"F1"。

屏幕上出现了一个矩形框，矩形框高亮显示。移动鼠标时，矩形框在屏幕上的不同区域跳动，自动根据区域边界改变大小。

"你看，这是 Snipaste 的特殊'技能'之一，可以自动感知和识别截图的范围，让你省下不少拖动截图的时间。"

"这个功能不错，我来试试。"小雯按了下截图快捷键F1，然后移动鼠标，看着截图矩形框在各个窗口之间跳动。

"这个功能虽然挺智能的，但是如果我想截取的范围比这个窗口要大一点该怎么操作呢？"小雯转头看着老高。

老高笑了笑，"这就要用到Snipaste的第二个特殊'技能'了，精确控制截图范围。"

2. 精确控制截图范围

"你按住Ctrl键，再按用键盘上下左右方向键，就能以像素级的精度去改变你的截图范围。"老高指着屏幕。

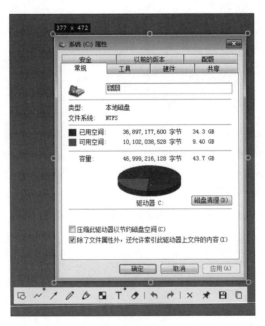

精确控制截图范围

"哦，这个功能不错。我有时得需要截多次才能截到自己想要的，特别是用PPT做教程。"

"刚才说的扩大范围是按住Ctrl键加方向键，如果要缩小截图范围是按住Shift键加方向键，如果移动截图区域直接按上下左右的方向键就行了。"老高继续说道。

"明白了。"小雯按照老高教的方法试了试。

3. 人性化的截图编辑功能

"刚才你说 Snipaste 的截图界面和 QQ 截图很相似，其实只是相似而已，功能上大有不同。"老高一边说，一边给小雯做示范。

"比如，我们截图的时候经常会画个矩形、圆圈还有箭头标注出重点，在 Snipaste 里面，你画了矩形、圆圈、箭头后，可以直接用鼠标的滚轮控制线形的粗细，箭头的大小。还有画笔、马赛克、橡皮擦这些工具都可以直接用滚轮控制大小粗细，很方便也很人性化。"

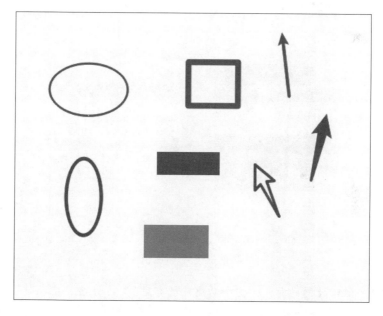

标注符号

"嗯，感觉是挺贴心的。"

"举个例子，比如有些证件照片需要在上面打个水印'仅限某用途使用'。用 Snipaste 的截图编辑的文字工具就很方便地解决这个问题。"

老高说着，点了一下截图编辑框下方的文字工具，在编辑框里输入完文字，调整好大小，又单击了一个文字框上方的旋转工具。一个倾斜的文字水印，瞬间就做好了。

"这个功能好，不用打开 PS，速度也快。"

"还有一个取色功能，也很有用。"

"取色功能？PPT 还有 PS 里不是都有吧？"小雯问道。

"是的，不过临时要取个颜色还要打开 PPT、PS，加载时间都太长。Snipaste 个头小，不占空间，加上让它常驻内存，要用的时候一个 F1 键就呼唤出来了，而且会实时显示颜色的 RGB 色值，也可以切换成 CMYK 或其他颜色值。如果你想复制，按 C 键就复制到剪贴板了，非常方便。"

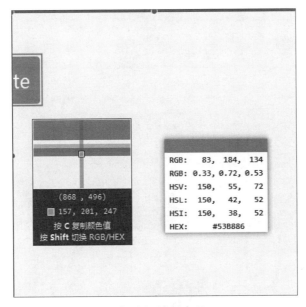

取色器复制颜色值

"嗯，做设计图的时候，这个功能就很有用了。"小雯点点头，"是啊，做设计图时，可以在色盘里直接输入颜色值。"

"其实刚才说的这些，都不是重点，Snipaste 最重要的功能是贴图功能。"

4. 神奇的贴图功能

"贴图功能？不就是复制好了，按 Ctrl+V 粘贴吗？有什么可神奇的？"

"我刚开始和你一样，也觉得这个贴图功能没啥用。"老高笑了笑，老高看着小雯，摆出一副卖关子的表情，"可是后来深入研究后，才觉得这个功能真的是太神奇了。"

"就是把图贴到桌面，这有什么可神奇的？"小雯瞪大眼睛，等着老高往下讲。

"我问你，是不是程序开多了，觉得电脑很卡很慢？"

"是啊！"小雯点点头。

"但是有时候又必须开多个程序，多个窗口，因为工作需要在不同的窗口之间切换。"

"是啊！"小雯又点点头。

"这时候贴图功能就派上用场了。比如你在 A 程序的界面工作，但是需要参考 B 程序的东西，就可以先把 B 程序里面需要参考的内容给截屏复制下来，然后到 A 程序里面按 F3 快捷键贴图，就不用来回切换不同的窗口了。"

"哦，明白了。比如我写公众号推文，可能要参考许多素材，就可以把这些素材给截成图，然后贴图到编辑界面？"

"对啊，不用来回切换窗口，可以在一个工作界面，集中精力去完成。"

"最贴心的是它的贴图还有分组功能。"老高说完用鼠标右键单击了一下右下角的图标，接着在弹出菜单里选择【贴图】→【创建新组】，给分组取一个名字，再勾选'创建后立即激活'，就可以切换到新的分组了。"

"这个功能有什么用呢？"小雯问道。

"比如说，你正在写推文，已经搜集好了素材做成贴图，做了一半了，突然因为某些原因要做另一项工作。那么，只需要从原先的分组切换到新的分组，重新截图、贴图，等到这项工作做完了，回到原先的推文写作时的断点，切换成原先的分组，就可以回到原来的工作断点继续先前的工作。"

"嗯，我经常就会被临时的工作打断，回到原来的状态要好久的时间。"

5. 贴图功能的使用场景

"贴图功能的使用场景有很多。"老高看见小雯的兴致很高，于是继续讲道，"比如说阅读文献、电子书的时候，常常会有插图和描述分跨在不同的页面，你得上下来回翻页，去对比图片和文字描述。用贴图功能，就能解决这个问题。"

"还有你作图的时候需要参考几张不同的图片，可以先把图片进行截图，然后再贴图到作图软件的工作界面，对照着进行设计。如果贴图对工作区域造成了遮挡，可以随时对贴图进行移动、缩放或者隐藏。"老高说着停顿了一下，转头看了看小雯继续往下说。

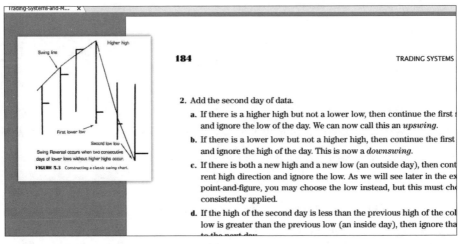

"这里要记一下快捷键，除了刚才说的 F1 键截图，F3 键贴图外。隐藏贴图的快捷键是 Shift+F3, 销毁截图是 Esc 键。这两个不要搞混了，不然辛苦截的图就找不到了。"说完老高演示了快捷键的用法。

"不过 snipaste 和其他软件一样，也有后悔药，在选项里可以设置最大历史记录数，就像 Office 软件里的撤销一样，自己用的时候记得调整一下这里。"

"嗯，明白了。那贴图功能还有什么地方可以用到呢？"小雯问道。

"有太多使用场景了，除了刚刚说的看电子书、做设计图，比如老板通过聊天软件给你发来的修改意见，可以贴图对照修改；比如说可以用来在看美剧时遮挡字幕，学英语；可以把 LOGO 截屏再用贴图给贴出来，在录屏时做水印；可以复制 HTML 代码在编写程序时参考；可以把重要事情贴图到桌面用来做临时备忘录；可以在讲解的时候通过贴图和剪辑工具做画板；可以用来对比文档修改前后的差别；甚至可以在贴图播放 gif，真是用处太多了。"老高眉飞色舞地讲着都忘了下班的时间。

"好的，又 get 到新技能了！明天就来实践一下。"小雯向老高做出了一个 OK 的手势。

很多时候人们都是习惯性地做自己熟悉的工作，不愿轻易改变习惯，也不愿花时间去研究和学习新工具和新技能，因为他们不知道新工具、新技能带来的生产力的大幅提升，有时候甚至是颠覆性的进步。

本节标题中的工作界面，不仅仅是指用电脑办公时的界面，同时也指个人工作时的能力范围。打开了脑洞，打破了框架，可能会给自己的工作和学习带来完全不同的提升。

1.9 高效人士必装的浏览器插件

网络时代人人都离不开浏览器，尤其是职场人士，每天都要耗费大量的时间和浏览器打交道，搜索和阅读各种资料、图片以及其他各种信息。可是大多数人从来没有想过要花些时间来研究一下浏览器的使用技巧，让自己的工作和学习更有效率。前面的章节中讲了一些浏览器的快捷键，但真正要成为一个高效人士，学习、工作中就离不开浏览器的插件。

在介绍插件之前，首先明确一下浏览器的类型。目前市面上浏览器占有率最大的是 IE 浏览器和谷歌浏览器，我们说的浏览器的插件主要是指谷歌浏览器（Chrome）应用商店中的插件，通过这些插件能够大大地扩充浏览器的功能。

1．给浏览器插上翅膀

周五下午，天气很好，小雯的心情也很好。刚刚完成区域公司下发的作业，端起杯子喝了口水。自从跟老高学了许多工具软件的使用技巧，工作效率大大提高，加班次数少了很多。同样的工作，用新的工具、新的方法做起来，心情很愉悦，还有成就感。想到这里，小雯嘴角上扬，露出了笑容，一转头看见老高在用浏览器看着什么，他一会用鼠标划出一段线，窗口就自动关掉了；一会按了个什么键，满屏都是字母，再一按就打开了新的窗口。

"你这是什么浏览器？感觉功能很强大啊？"小雯问道。

"谷歌浏览器啊！你不是也经常用？"老高转过头答道。（谷歌浏览器名字是 Chrome，以下统一称谷歌浏览器）。

"为什么我的谷歌浏览器没有你这些功能？"小雯放下杯子，凑了过来。

"这是浏览器插件里的功能，在应用商店里下载安装就行了。"老高停下手中的活，"就和手机里的应用商店有很多不同功能的 App 下载一样，浏览器插件也可以提供很多不一样的高级功能，可以满足我们不同的需要。没有插件的浏览器是不完整的。"老高说完自己也笑了。

"那像我这样，从来不用插件还不是一样可以上网。"小雯有点不服气。

"这就像手机不装各种应用，还是一样可以实现打电话发短信的基本功能，但是一旦你安装了应用习惯了新的功能、新的玩法，你就离不开了。"

"有这么夸张吗？那到底有哪些功能呢？"小雯继续刨根问底。

"多了去了！比如用鼠标手势控制页面访问。"老高说着用鼠标划出几段线，演示给小雯看。"还有比如新标签和快捷拨号功能。"老高打开一个新标签，出来一幅漂亮的背景，上面排列着几排图标，都是经常访问的网页地址。"还有用键盘控制浏览器。"老高按了个快捷键，屏幕上出现黄色小框里面写着字母。"不用鼠标单击，直接在键盘上按这些链接对应的字母，就能打开链接。"

"看起来很厉害啊！快跟我讲讲这些浏览器插件是怎么用的。"小雯眨了眨眼睛，看着老高。

2. 谷歌访问助手

"先从这个插件开始吧！"老高说完拖了一个文件到聊天窗口，发给小雯："这是安装文件，你待会在自己电脑上安装一下。默认安装的谷歌浏览器有时候是打不开应用商店的，所以要先安装这个访问助手。"老高把鼠标停在浏览器顶部的工具栏上，出现了一个窗口，上面显示了访问助手的几个功能。

谷歌访问助手

"应用商店长这样。"老高点了一下应用商店入口链接。

chrome 网上应用店

"左上角的搜索栏里，输入你要下载的插件，也可以叫应用。也可以通过类别和评分高低去找到应用商店推荐给你的各种应用。"

3. 鼠标手势插件

老高点了一下推荐应用栏的一个链接，在新的页面中显示出插件的详细信息。

鼠标手势插件

"你看这个鼠标手势的插件就是用鼠标来控制浏览器功能的一个插件，这里有插件功能的概述和用户评价。点右上角的'添加至 Chrome'就可以安装到自己的浏览器里。我们来看看用鼠标手势能做哪些事。"老高说完打开鼠标手势的设置选项。

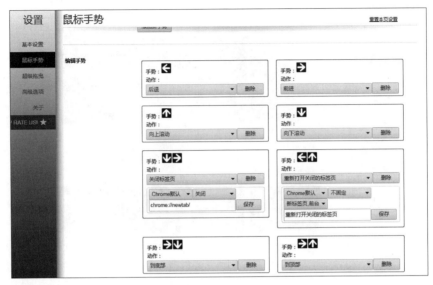

鼠标手势功能

"这里只显示了一部分，最常用的就是对浏览器页面的控制。比如打开新页面、关闭当前页面，当你打开多个浏览器标签时，可以向前向后跳转标签页。"老高一边讲着，一边做着示范。

"我来试试。"小雯接过鼠标。

"先按住鼠标右键不放开，先往下拖然后再往右拖。"小雯按照老高的指示用鼠标拖出一段向下向右的线来，当前标签页就关闭了。

"嗯，是还蛮有意思的。不过好像也没什么太大用处啊，和我用鼠标去点那个关闭按钮也没有太大的差别啊？"小雯问道。

"当然有区别，你不用拿着鼠标去找标签上的关闭按钮，会省下很多时间和注意力。这只是一个操作，关闭、打开、切换、刷新还有超级拖动的功能，如果你都用熟了，就离不开这个插件了。像我每次换了电脑，第一时间就是要把这个插件给装上，不然就完全用不习惯。"

"好吧！我安装试试，看能不能用习惯。"

4. 新标签插件 Infinity

"这个新开一个标签出来的页面挺好看的，是什么插件？"小雯新开了一个标签，问道。

"这是 Infinity 新标签页插件，也是我必装的插件之一。它就像是浏览器的开始页，可以把你经常访问的网址放在这里。"老高点开右上角的设置按钮，"在这里设置常用网址。"

Infinity 添加默认网址

"Infinity 提供了一些受大家欢迎的网址并且做了分类，在上面单击'默认'，在左侧不同分类中找到自己喜欢的网址，然后单击'添加'，网址图标就会出现在 Infinity 新标签页上了。"老高添加了一个网址给小雯看，"还有一种方法是'自定义'添加。比如有个网址 Infinity 默认推荐里面没有，但是你自己经常访问的，就可以通过'自定义'添加进去。"

添加自定义网址

"这个界面很直观，不用多说，复制你的网址粘贴到这里，设置好名称、字体、图标颜色就 OK 了。"

Infinity 登录和备份数据

"Infinity 还有一个很方便的功能就是可以在云端备份。你在家里电脑上设置好的图标、网址和使用习惯之后，单击右上角的手机图标，扫描二维码之后就可以备份到云端。到了公司的电脑上只需要重新登录然后从云端恢复数据，这样就完成了同步。"

"这个功能很好，我以前也用过书签同步的功能，挺方便的。"小雯点点头说。

"Infinity 的设置里面还可以对壁纸、图标、布局进行设置，有空你自己研究一下，我就不详细跟你讲了。对了，里面的壁纸都挺漂亮的，还可以设置每小时自动切换。"

5. 让你扔掉鼠标浏览网页的 Vimium

"刚才我看你按了什么键，然后出现很多字母那个，也是插件？"小雯继续问道。

"是啊！那是 Vimium 插件，是个很酷的插件，可以让你扔掉鼠标，光用键盘就能浏览网页。"老高的表情有些得意。

"刚才那个插件不是用鼠标浏览网页吧？怎么这个又要扔掉鼠标呢？"小雯

的表情也有些得意。

"不同的需求嘛！有时候你就想拿着个鼠标，不想去按键盘。有时候两个手又不想离开键盘去碰鼠标，但是一样可以完成鼠标的功能。"老高说完打开一个网页，按了个 F 键，网页上所有链接都显示出一个黄色的文本框，文本框里显示的是几个英文字母。

"比如这个链接上显示的是'JP'，那么你按一下 J 键再按一下 P 键，就能在新标签里打开这个链接了。"老高说着按了 J 键和 P 键，果然一个新的标签页就打开了。

"那如果我要回到刚才那个页面呢？"小雯问道。

"按大写的 J 键就是跳转到左边标签，大写的 K 键就是跳转到右边的标签。"老高示范了一下跳转页面。

"还分大小写啊？那如果是小写的 j 键和 k 键呢？"

"小写的 j 键和 k 键分别是控制网页内容向上和向下滚动。"老高按了几下 j 键和 k 键，页面一行行的滚动起来。

"这个方便是方便，不过每次只能滚动一点点，如果往下翻页，还是不如鼠标拖动方便。"

网页链接显示 Vimium 快捷键

老高笑了笑"也有对应的快捷键，d键是向下滚动半页，u键是向上滚动半页，还有gg键是滚动到页面顶部，大写G键滚动到页面底部。"老高继续往下讲，"Vimium里的大小写键都是有不同功能的。比如你用大写F键触发Vimium时就是在新标签页打开链接，如果用小写f键触发Vimium时就是当前标签页打开链接。小写x键是关闭当前标签，大写X键是恢复关闭的上一个标签。"

"这么多快捷键怎么记得住呢？"小雯听到这里皱了皱眉。

"确实有点多，不过常用的就那么几个，而且都是比较好按的键。经常用就成了肌肉记忆。"老高说着用快捷键"？"调出了Vimium的帮助页面。

"这是帮助页面，忘记了随时可以调出来看，非常方便。等到你用过一阵后，就会离不开这个插件了。"

网页内操作

- `<c-e>`, `j` 向下滚动
- `<c-y>`, `k` 向上滚动
- `h` 向左滚动
- `l` 向右滚动
- `gg` 滚动到顶部
- `G` 滚动到底部
- `d` 向下滚动半个页面的高度
- `u` 向上滚动半个页面的高度
- `r` 刷新当前子页面（参数：hard）
- `<a-r>` 刷新整个网页（参数：hard, bypassCache）
- `yy` 复制当前标签页或当前子页面的网址或标题（参数：type=url/title/frame, decoded）
- `<f2>`, `<s-f1>` 从当前文本框移走键盘焦点或恢复
- `<f1>` 模拟退格键删除文字
- `yf` 复制链接的网址
- `p` 在当前标签页打开复制的网址
- `P` 新建标签页访问复制的网址
- `f` 点击网页中的链接和按钮（参数：button=""/right, touch=false/true/"auto"）
- `F` 在新标签页中打开链接（不转到）
- `gf` 移动键盘焦点到下一个子页面
- `gF` 移动键盘焦点到最外层页面
- `i` 暂停识别快捷键，按Esc退出（参数：code=27, stat=0）
- `<f8>`, `v` 进入文字自由选择模式
- `V` 进入文字选择模式（对齐到行）
- `m` 创建一个新标记（参数：swap）
- `` ` `` 跳转到指定标记（参数：prefix=true, swap, mapKey）

搜索框

- `o` 显示多功能搜索框（参数：keyword="", url:boolean/string）
- `O` 搜索混合内容并在新标签页打开（参数：keyword, url）
- `b` 显示搜索框并搜索收藏夹的内容
- `B` 搜索收藏夹的内容并在新标签页打开
- `T` 在所有标签页中搜索
- `gn` 临时切换搜索框的样式风格（参数：style=dark, current）

页内查找

- `/` 进入页内查找模式（参数：last, selected=true）
- `n` 在页内查找下一处
- `N` 在页内查找上一处
- `<a-n>` 使用最近几次用过的词语在页内查找

前进/后退

- `H` 在历史记录中后退（参数：reuse=-2/-1）
- `L` 在历史记录中前进（参数：reuse=-2/-1）

标签页和窗口

- `gt`, `K`, `<a-v>`, `<a-C>` 切换到右侧标签页
- `gT`, `J`, `<a-c>` 切换到左侧标签页
- `g0` 切换到左数指定位置的标签页
- `g$` 切换到右数指定位置的标签页
- `t`, `<a-t>` 打开新的标签页
- `yt` 复制当前标签页
- `x` 关闭标签页（参数：allow_close, goto=""/left/right/previous）
- `X` 恢复最近关闭的网页
- `<a-p>` 固定/取消固定标签页
- `<a-m>` 切换网页静音（参数：all, other）
- `^` 切换到最近访问的上一个标签页

其它

- `?` 显示帮助页面

Vimium 帮助页面

"Vimium 还有很多高级功能，比如自定义搜索引擎。有兴趣可以自己研究，不过基本功能已经非常好用了，能够节省大量手从鼠标到键盘来回转换的时间。"老高说完看了看屏幕右下角的时间，已经到了下班的时间了。

"浏览器插件还有很多，有时候自己在应用商店里找找，也可以上网看看别人的推荐。就不耽误你周末的休息时间了，有空我们再聊。"

除上面介绍的浏览器插件以外，还有很多功能强大、快捷方便的浏览器插件，比如，可以翻译单词和整篇网页的 Google 翻译，可以屏蔽各种广告的 AdBlock，还有可以加载各种脚本的"油猴插件"等，让人眼花缭乱。不过需要提醒的是，插件装得越多，占用的系统资源也就越多，浏览器加载的速度也就越慢。所以要根据个人的喜好以及工作需求，挑选出能够提升效率同时不会增加太多系统负担的插件。在这些强大的浏览器插件的帮助下，工作效率大幅提升，心情也会更加愉悦。

1.10 别告诉我你会复制粘贴

复制粘贴？这还有谁不会吗？选中要复制的目标，单击鼠标右键弹出菜单，选择复制再到目标位置，同样右键粘贴。也可以用快捷键 Ctrl+C 和 Ctrl+V。这有什么技术含量吗？

大多数人都是这样的想法，不过看完这节内容后，想法就会发生改变，效率就会大幅提高，思维就会随之转变。原来复制粘贴这么一个小细节，也能让工作效率发生这么大的改变。

1. 多次复制一次粘贴

老高忙完手上的活，坐直身体，伸了个懒腰，一抬头看见小雯正在揉着眼睛。

"怎么了？"老高走过来看了看小雯的电脑屏幕。

"赶着做作业呢！这不是要上新系统吗？要求收集所有商户资料，不停地复制粘贴，眼睛都花了。"小雯无奈地说。

"来回切换窗口，一边搜索查询结果一边复制粘贴，工作量大了确实效率不高，不过也有更好的方法。"

"复制粘贴还有别的更好的方法？"小雯转头看着老高。

"给你介绍个复制粘贴的好工具。"老高说完坐了下来，小雯往旁边挪了一下，把键盘和鼠标让给老高。

老高打开浏览器，下载了个软件，单击安装程序，一会就装好了。

"这就是推荐给你的复制粘贴的高效工具——ditto"老高双击右下角的图标，弹出软件界面。

"看起来很一般啊！"小雯看了看软件界面。

"这软件颜值一般，但功能可不一般，可以解决很多和复制粘贴相关的问题。"老高把小雯最小化的浏览器和统计表格窗口还原。

"比如说，你正在做的这个统计要不停地切换两个窗口，从浏览器窗口找到商户资料，然后在里面选择你要的名称、资质、简介、联系电话地址等。每找到一项都要复制后切换回来粘贴，很麻烦。有了 ditto，可以先把你要复制的内容全部复制完毕，然后按快捷键，调出 ditto 的粘贴窗口，把之前复制的所有东西按一定的顺序进行粘贴。"

多次复制一次粘贴

"好像用系统自带的记事本也能实现，我有时候就是打开一个空的记事本，把需要的东西复制进去，再到目标窗口进行粘贴。"小雯的眼神有一点失望。

"ditto 和记事本的功能可不太一样。记事本只能复制文本，粘贴过去后就去掉了格式。ditto 可以复制多行文本、带各种格式的文本，还可以复制图片。如果你需要纯文本粘贴的时候，只需要按快捷键 Shift+Enter。"老高从小雯的表情中感觉到她有点没太听明白，就操作了几个例子，示范给小雯看。

2. 合并、分组、搜索、置顶

"有时候你处理一篇文档时，需要反复粘贴一段文字，这个时候就可以用到置顶功能。右键选择目标条目，选择 Clip Order → Move To Top 把它置顶就行了。"

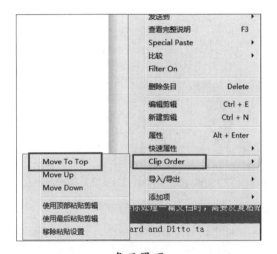

条目置顶

"你复制的这些条目，也都会显示在界面上，如果你想粘贴哪条，就双击那一条就行了。如果想要粘贴多条可以按住 Ctrl 键，选取多个条目后双击。"

"这个功能还不错，以前我都是通过 Excel 来进行合并的，感觉这个方便多了。"看了老高的操作，小雯总算露出了笑容，"有时候微信聊天时需要把几段谈话的内容进行整理后转发，这个功能就非常方便实用了。"

"不光是合并条目，ditto 还可以把复制的条目进行分组，把同一类型的内容都放在一起。这样要做一项工作的时候，直接找到这个分组，里面都是和这个组的主题相关的内容了。"

"比如说我收集资料写报告的时候可以把要用的资料放在一个分组，做表格查数据的时候也可以把找到的资料放在另一个分组，这样做某一项工作的时候就不会被其他不相关的信息给分散注意力？"

"嗯，你说得很对，这可能就是软件作者设计这个功能的初衷。"老高点了点头。

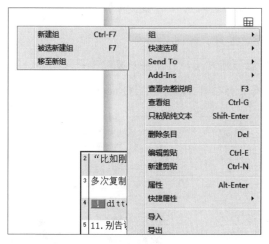

分组功能

"除了合并和分组外，ditto还可以搜索已经复制的条目，这一点非常方便。经常复制了大量的内容，突然想粘贴其中的一条，可是又不想花时间用肉眼去一个个查找，这时候用到搜索功能就能方便快捷地定位到已复制的条目，然后粘贴到目标窗口。"

"有什么工作场景能够用到这个搜索功能呢？"小雯问道。

"比如说你有时代替同事挂客服号的时候，就会回复大量重复的问题。这些问题之前都发送过，但是又懒得去翻聊天记录。这时候，在ditto的搜索框里输入关键词，就能准确定位到相关条目，然后双击粘贴，效率非常高。"

"哦，这确实是一个不错的功能，我就经常被那些相同的问题给逼得要疯了，经常来回查找重复的内容，调整出ditto的界面直接搜索就能出结果确实方便多了。"

3. 重复输入一键搞定

"你有没有在工作中经常输入一些固定的内容？"老高转头问道。

"有啊！比如起草合同的时候要经常输入公司的名称、地址、银行账号，还有经常要输入相同的网址、邮箱、电话等。"小雯歪着头答道。

"我之前也头疼过，想过很多方法，比如用记事本把常用文本保存，要用的时候调出来，不过不太方便。还试过用输入法的自定义词组功能来添加，但是只适用于要输入的文本不太多的情况，而且这两种情况都只能重复输入纯文本。"

"我也试过你说的这几种方法，都是觉得麻烦。"小雯点点头，"有时候懒得到处去找，干脆重新用键盘敲一下算了。"

"在 ditto 里面可以通过新建剪辑的方法，把要重复输入的词语、一段话，包括图片以及有格式的文本，放到剪辑里面，同时设置一个快捷键。要用的时候，呼出 ditto 界面，然后直接按快捷键，这段需要重复输入的文本或者图文混版的内容，就能一键粘贴到位了。"老高说完，找了几段文本和图片一起复制后，进行了快捷键设置，然后切换到目标窗口，调出 ditto，再敲击之前设置好的快捷键，复制的内容立即出现在目标窗口上了。

热键设置

4. 快捷键操作效率提速

"其实 ditto 最厉害的操作是快捷键，如果你熟练掌握了快捷键。能够大大提高文本处理的效率，特别是在一些特殊的工作场景下。比如刚才说的那种情况，当你复制了很多相关的资料，然后切换到目标窗口，这时候按 Ctrl+~ 键调出 ditto

窗口，除了用鼠标双击以外，还有两种快捷的粘贴方式。"老高说着调出窗口。

"一种是用键盘上下方向键选中你要粘贴的条目，直接按回车；还有一种方式是常按 Ctrl+~ 键，这时候高亮选择框会从上往下在条目之间跳转，当跳到你想要粘贴的条目时松手，内容就自动上屏了。"老高一边说，一边操作给小雯看。

"这种方式确实很方便啊！"

"你看到这个窗口上面的序号没有？"老高问道。

"嗯，看到了，从 1 到 10。"小雯点点头。

"还有更快的方法，就是直接按 Ctrl+1 到 10 的快捷键，也可以快速粘贴上屏。当然这个快捷键还能自己设置，因为有些软件里面这几个键是被占用了的。"

"对了，我上次在网上提交申请表格的时候就很麻烦，不停地从准备好的表格里复制然后粘贴到网页上，是不是就可以用这个方法提高效率？"小雯问道。

"对啊！你可以一次性把要粘贴的内容全部复制好，然后在网页上按快捷键连续粘贴，可以节省很多时间。也不用来回切换窗口，以免看错看漏。"

"嗯，这招不错。最近帮公司在网站上申请各种许可证，要填一大堆在线表格，有一项没填对，刷新网页后就全部要重新复制粘贴，真是烦死了。有了这个功能，只需要按按快捷键就行了。"

老高点了点头，"嗯，不错！挺会举一反三，自动匹配工作场景的。其实 ditto 还有很多功能可以解决我们工作中的小问题，比如有时候你从网页或者从一篇文档复制到另一篇文档时，常常会带上一些格式，这时候只能用鼠标重新选一下'按纯文本粘贴'。如果是用 ditto 可以直接用快捷键 Shift+Enter，这样保证粘贴过来的是纯文本，不用再调整格式或者用鼠标点一下。"

"还有'特殊粘贴'的功能，在你复制粘贴英文内容时可以按需要转换大小写，也挺方便的。总之，这个软件就是为了解决工作中的一些不顺手而诞生的，如果你花些时间去研究，然后匹配到自己的工作场景中，一定会大大提高工作效率。"

"嗯，今天已经学到很多了，没想到一个简单复制粘贴还有这么多门道，感觉自己要学的东西很多啊！"小雯笑着说道。

哪里有不方便哪里就有效率提升，哪怕是复制粘贴这种大家习以为常的操作，也有许多可以提升的空间，关键就在于愿不愿花时间去学习新的工具。也许一个软件或一个操作技巧，不能让工作带来质一般的飞跃，但是一点一滴地积累，就会汇集成河流，最终让我们成长为职场上的效率达人。

通过不断挑战自己的工作效率，去找到更快更好的方法，利用不同的工具、操作技巧去达成目的，这也是一种工作思维。很多伟大的事业就是把一些细节做到极致，成功者和普通人的区别就在于坚持不懈地追求细节上的不断提升和完善。

1.11　资源管理器的终结者

生活中越是经常碰到的东西越不容易引起注意，大家都会自动选择性忽略。在工作中也是这样，越是每天要用到的操作，越是高频使用的软件越容易让人忽视，资源管理器就是这么一个每天都要见面的"朋友"。

虽然我们每天都要和它见面，要通过它来对文档进行各种操作，但却不愿意花时间去研究怎么才能更高效更方便地操作。因为太习以为常了，甚至都不会思考，一边想着别的事，潜意识就完成了操作。实际上还是有相当大的改进和提高的空间。Total Commander 就是一款能够极大地提升效率的资源管理器软件，虽然这款软件对新手不那么友好，学习和上手都不是那么容易，但是一旦掌握了它的用法，就会完全颠覆对文件操作的认知。

1. 双窗口设计让文件操作更高效

小雯完成了手上的工作，看看时间，下班还早。端起咖啡杯喝了一口，还是温热的。

自从和老高请教了许多软件操作技巧之后，小雯感觉自己最近的工作效率大幅提高，因为不用把时间耗费在简单重复劳动中，心情格外轻松，连工作思路都变得清晰了。以前只想快点做完手上的工作交差，现在也会自己花些时间琢磨怎么能提升自己的工作技巧了。

想到以前那个在工作中"呆萌"的自己，小雯嘴角泛起一丝笑容，回头看看老高，双手正放在键盘上忙着什么。

"这是什么软件？我好像没见过，怎么感觉很有年代感一样。"小雯指着老高的屏幕问道。

"这是 TC，全称叫 Total Commander，是一款文件管理软件，比 Windows 自带的资源管理器强大多了，用它可以节省很多文件管理操作的时间。"老高答道。

"怎么从来没有听你提过呢？"小雯拉过椅子在老高旁边坐了下来。

"这款软件不那么容易学习上手，界面也比较朴实无华，所以流行范围不广，但是如果你学会了，可能就再也离不开它了。"老高停了一下，"以你现在的水准也是时候挑战一下了。"

看着小雯一脸不相信的表情，老高笑了笑。

"就拿最简单的文件归档来说吧，把桌面上所有的图片文件移动到 D 盘的图片文件夹里，平时你是怎么操作的？"老高把鼠标往小雯面前一放。

小雯拿起鼠标，用 Ctrl 键加鼠标单击选中了桌面几个图片文件，然后再按了一下 Ctrl+X 快捷键，选中的文件图标变成了半透明。接着她双击"计算机"图标，打开资源管理器，单击 D 盘，找到图标文件夹，再按 Ctrl+V 快捷键进行粘贴。

"文件管理不就是把需要的文件放到想要存放的位置吗？这么简单的操作，里面还能有什么门道？"小雯显然对自己的操作还比较满意。

"嗯，不错，快捷键操作比以前熟练多了。有几个问题，不知道你有没有想过。这只是几个图片文件，很容易用肉眼挑出来。如果是文件夹里面有几百个文件，怎么快速从里面挑出你想要的一部分文件呢？如果目标文件夹是多个，要怎么来回切换呢？如果需要对一些文件批量重命名，有没有高效的方法？"老高发现小雯睁大了眼睛，继续说道，"这只是 TC 的一些基本功能，它的功能太多了，我们先从最简单的文件操作开始。"

说完，老高把窗口切换到 Total Commander 的界面，"这就是 TC 的操作界面，虽然颜值不高，但是却很高效。它和资源管理器最大的区别是双窗口操作，比如刚才移动文件的操作，先在右边的窗口中找到你的目标文件夹，就是你要复制或移动到的文件夹。然后在左边窗口选你要操作的文档，再按 Ctrl+V 剪切或者 Ctrl+C 复制文件。"

TC 双窗口界面

"就是同时显示了两个窗口，感觉也没有什么太大的区别啊？"小雯歪着头说。

"双窗口的操作好处有很多，对于文件的来源和去向一目了然。比如你要把一个文件夹的不同类型文件移动到多个不同文件夹，那么双窗口操作，就会节省很多时间，你只需要改变一个窗口的文件夹，另一个保持不变。常用文件夹还可以通过标签加快捷键的方式快速切换，这个我们后面再说，别着急，慢慢来！"

2. 快速定位和筛选符合条件的目标文件

"当文件夹里面有很多不同类型的文件的时候，我们怎么把这些文件快速找出来。传统的方法只能凭一双肉眼，而 TC 却提供了很好的方法。这是 TC 的安装目录，我们现在要把里面所有的扩展名是 exe 的文件都选出来复制到目标文件夹。"老高按了一下快捷键，左边窗口切换到了 TC 的安装目录。

"找到一个 exe 文件，用鼠标或者键盘移动选择框到这个文件，然后按快捷键 F11 或者按着 Alt 键再按小键盘的'+'键，这个目录下面所有相同扩展名的文件就全部被选中了。"

　　"这个操作好，不用一个个去选了。我以前是在资源管理器里面先点文件类型排序，然后再用鼠标去框选同一类型的文件。"小雯点点头说道。

　　"还有一种选择的方法，直接按小键盘上的'+'键，在弹出的窗口输入你要选择文件的扩展名，然后按'确定'按钮，这一类文件就被选中了。"

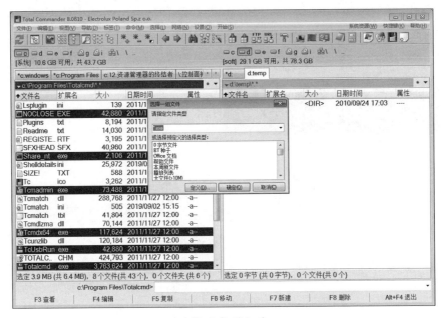

选择同类型文件

　　"也就是说我都不需要用眼睛去找那个exe文件了，只要在这个窗口输入我想要选择的文件扩展名，就自动给选中了？"小雯问道。

　　"是的，如果还需要同时选中其他的类型文件，继续这个操作就行了。"老高点点头。

　　"那如果误操作选错了，怎么取消呢？"

　　"问得好！刚才不是按的Alt键和'+'键吗？取消选择就是按Alt键和'-'键。也可以直接按'-'键，在窗口中输入要取消选择的文件扩展名就行了。"老高说完按了一下小键盘的"-"键，示范给小雯看。

　　"这个TC的大部分操作好像都是用键盘，很少用鼠标。"

　　"对！这也是TC高效的原因之一。几乎所有的操作都有对应的快捷键，软件设计者也鼓励用户用键盘去操作，等你熟练就会发现用键盘去操作文件真是非常方便。"

"刚才说的是筛选，现在我们来看看定位。其实文件快速定位在资源管理器里面也有，当你按对应字母键的时候，选择框会自动跳转到首字母相对应的文件或文件夹。不过资源管理器只能定位英文首字母，而 TC 不仅可以定位英文还可以根据中文的拼音定位（不光是首字母，可以定位整个文件名里面的汉字拼音）。"老高看了看小雯，"没听明白吧？你看我操作一下就懂了。"

"你看这些商户名称都是汉字，如果我按一下 d 键，那么所有商户名称中间包含拼音 d 开头的就被筛选出来了。"

名称中包含 d 开头拼音的汉字

"如果我再按一个 k 键，那名称中同时包含 d 和 k 的文件就被筛选出来了。"

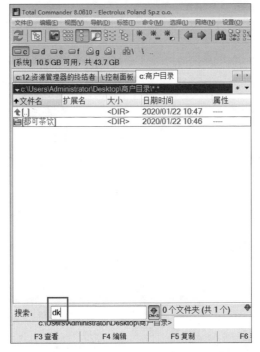

名称中包含 d 和 k 开头拼音的汉字

"这个功能太好了，我整理各种商户资料的时候就用得着，比用眼睛去找快多了。"小雯开心地拍了一下手。

3. 标签功能让切换目录更高效

看着小雯开心的样子，老高笑了笑，继续往下讲，"TC 还有一个标签功能也非常好用。"

"标签？像浏览器的标签一样吗？"小雯问道。

老高点了点头，"这个功能的设计主要是考虑到频繁切换目录的时候，不太方便。就像我们在资源管理器里那样，点开盘符，一层层目录去点开，如果是级别层次比较多的目录，就非常浪费时间。在 TC 里面，你可以把文件夹看成浏览器里的标签，通过来回切换可以在不同的目录间快速跳转非常方便。"老高点开菜单里面的"标签"功能。

"你看，连快捷键都和浏览器的标签快捷键一样，就是为了用户能够快速掌握这个功能，不用再花时间去学习记忆新的快捷键。"

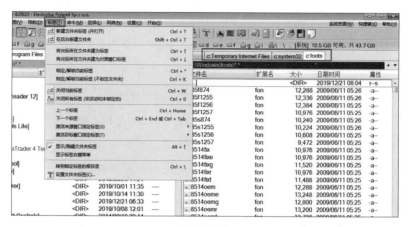

标签功能

"哦，我知道了。比如我要把一个文件夹里面不同类型的文件分别存放到几个不同的文件夹时，就可以在右边窗口把不同的文件夹建成不同的标签，通过快捷键在这些标签之间跳转，就实现了目录的快速切换。"

"嗯，理解到位，就是这样，在很多工作场景中都能够用到这个功能。"还没等小雯说完，老高就点头称赞。

"你还可以按 Ctrl+D 组合键把常用的快捷键给收藏起来，就像浏览器的收藏夹一样，要用的时候按一下 Ctrl+D 组合键再按一下括号里面的英文就可以直达目标文件夹，这个功能在 TC 里叫作'常用文件夹列表（书签）'。"

常用文件夹列表

4. 批量重命名功能强大

"对了，我记得刚才你说了 TC 还有一个很强大的功能就是批量重命名。我在整理各种资料的时候就会遇到这个问题，常常要根据需要把文件名改来改去，真是烦死了。"小雯说到这里又皱起了眉头。

"举个例子，比如我们要把这个目录的商户名进行整理，把'店''有限公司'批量删除只留商户品牌名称。先按小键盘的'*'号全选所有文件夹，然后按快捷键 Ctrl+M 调出重命名窗口，在查找栏输入你要查找的内容，替换栏输入你想替换成的内容，这里我们选择'清除'。"

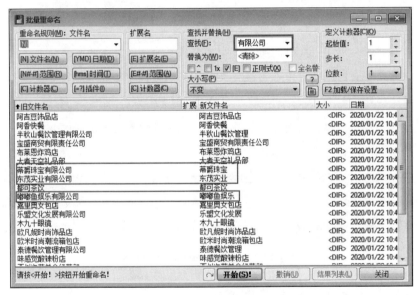

批量重命名查找替换

"单击'开始'之后，'有限公司'几个字就被清除掉了。同样的方法，把其他不需要的文字批量删除，最后只剩下品牌名称了。"

"这个方法有点像 Word 里面的查找替换，没想到文件管理也能用上。"

"如果你要给文件夹前面加个序号，也很容易。在左上角的输入框里，有个'[N]'，在它之前输入'[C]'和一个小数点，就完成了批量添加序号。"

批量添加序号

"这个好神奇，我经常会给文件添加序号删除序号，有时还要加一些奇怪的后缀，这个一定要好好学习研究一下。"小雯迫不及待地想弄清楚批量重命名的所有功能。

"批量重命名的使用场景还有很多，包括正则表达式的用法都要花时间去慢慢学习和消化。今天主要是介绍一些 TC 的基本功能，让你知道它的强大，如果要把 TC 所有功能都讲完，可以写一本书了。不过也不用着急，一边用一边学，可以加深印象，学得也快。"

老高看了一眼小雯，"要是你把我教的这些软件都用好，就是一个电脑高手、效率达人了。"

"那当然，名师出高徒嘛！"

Total Commander 是一个非常强大的文件管理软件，我们这里只是抛砖引玉，介绍的功能还不到十分之一。正像故事里老高说的，如果想把它的所有功能都掌握，需要花不少时间。因为学习曲线比较陡峭，功能点多、快捷键多，加上界面也比较"朴素"，很多人都会半途而废。但是如果不急不躁，每次需要的时候用它来进行文件操作，慢慢积累下来，就会发现这个软件设计之巧妙、功能之强大、操作之方便。用不了多久，就会离不开它，甚至把它作为操作平台。

第 2 章

掌握办公软件

办公软件 Office 三件套是职场人士必须熟练掌握的工具软件，但大多数人不得其门而入，只会使用不到 10% 的基础功能，并且不想花费太多的时间去钻研。本章提供了 Office 软件的正确学习路径，让大家能够以最少的时间投入快速掌握最重要最核心的功能，提高学习能效比。通过案例的学习，能够在较短的时间内，达到较高的软件使用水平，塑造自己的职场形象 。

2.1　不加班的 Word 技巧

　　大多数人可能只用到了 Word 不到 20% 的功能，甚至很多人当它当成记事本用，用敲空格键来首行缩进；用敲回车键来调整行间距；用肉眼来检查错误；用简单重复劳动来代替高效快捷的操作。

　　既然是每天都要用到的软件，既然是每个人都不开的办公工具，为什么不掌握正确高效的用法呢？虽然每项正确高效的操作能够只能节省一点点时间，但是把节省的时间乘上重复的次数，再放大到整个职业生涯，那总共又能节省多少时间呢？不光是节省了时间，高效快捷的操作能够让注意力专注在思考和工作上，长期积累下来的收益是无法衡量的。

　　我们通过一些案例和技巧来看看正确高效的操作是如何提升效率的。

1．掌握选择方法，迅速选定目标

　　按下保存文件的快捷键后，老高站起来活动了一下身体，突然注意到小雯正使劲敲击着键盘。老高走到小雯旁边，笑着说："你这个表情和敲键盘的声音就知道又遇上什么麻烦问题了。"

　　"倒不是什么麻烦问题，就是费时间。上面下发的作业，要收集商户反馈的各种问题。我已经把他们反馈的问题都复制集中到一个文档中了，现在要删除这些序号，整理后重新排序，大几百条不知道要删到什么时候。"小雯右手拿着鼠标，左手放在键盘上，选中了一行文字前面的序号，然后按一下 Delete 键删除。

　　"用对了方法，我看也就是几秒钟的事吧！"老高看了一眼说道。

　　"别逗我了，让我快点弄完了好交作业，不然又得加班。"小雯看了一眼老高，手没有停。

　　"那你是愿意加班都不想知道正确的方法喽？"老高双手抱在胸前，脸上摆出一副卖关子的表情。

　　"真的吗？"小雯看了一眼老高，感觉不像是开玩笑，于是站了起来，"快教教我怎么弄。"

"按住 Alt 键，用鼠标左键进行'纵向选择'，选中这些序号，一键就删除了。"老高说着，按住 Alt 键，用鼠标拉出一个矩形框，把序号都选中，再按了一下 Delete 键，序号就删除了。

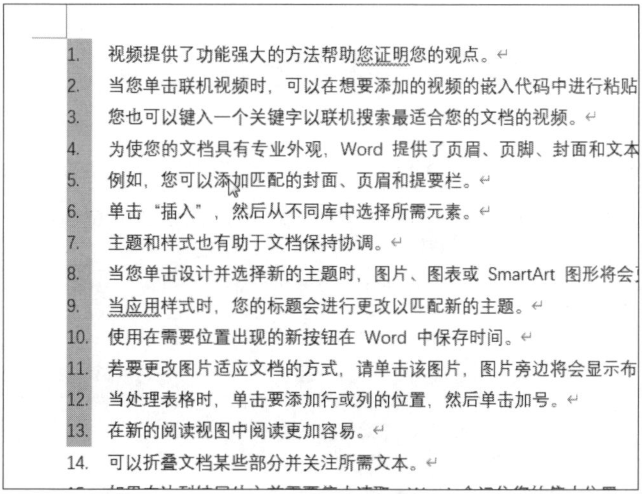

1. 视频提供了功能强大的方法帮助您证明您的观点。↵
2. 当您单击联机视频时，可以在想要添加的视频的嵌入代码中进行粘贴↵
3. 您也可以键入一个关键字以联机搜索最适合您的文档的视频。↵
4. 为使您的文档具有专业外观，Word 提供了页眉、页脚、封面和文本
5. 例如，您可以添加匹配的封面、页眉和提要栏。↵
6. 单击"插入"，然后从不同库中选择所需元素。↵
7. 主题和样式也有助于文档保持协调。↵
8. 当您单击设计并选择新的主题时，图片、图表或 SmartArt 图形将会
9. 当应用样式时，您的标题会进行更改以匹配新的主题。↵
10. 使用在需要位置出现的新按钮在 Word 中保存时间。↵
11. 若要更改图片适应文档的方式，请单击该图片，图片旁边将会显示布
12. 当处理表格时，单击要添加行或列的位置，然后单击加号。↵
13. 在新的阅读视图中阅读更加容易。↵
14. 可以折叠文档某些部分并关注所需文本。↵

Alt 键纵向选择

"真的这么快？你不早说，我刚刚删了半天了。"小雯嘟起了嘴。

老高笑了笑，"Word 操作不能靠简单重复的蛮干，要学会正确的使用技巧。快速正确地选择目标，可以让你节省大量的时间。"

"选择不就是按住鼠标左键再拖动光标就行了？还有什么讲究吗？"

"当然，比如要选择文本中的词语，双击鼠标就可以选择这个词。如果是英文文档，就会快速选中这个单词。如果把鼠标移到左侧空白区，当鼠标变成向右倾斜的箭头时，单击左键就可以选中这一行文本。如果想选中一个段落的文字，在这一段任意文字上三击鼠标就选中了。"

"这种选择方法还真没注意过。"

"用 F8 键选择文本也很方便，按两下是选中一个词，按三下可以选中一个句子，按四下选中段落，按五下选中当前节，如果没有节，就选中全文。用鼠标选择文本时，你必须按住左键不放，但是用 F8 键就不同。在起点处按一下 F8 键，再到目标终单击鼠标，这中间的文本就被选中了。"

"我来试试。"小雯按照老高的方法试了一下,"这种方法确实比较快啊!下次我就用这种方法来选择。"

2. 按键调用菜单和工具栏,方便快捷

"刚才是选择文本,菜单和工具栏你是怎么选的?"老高问道。

"用鼠标去点啊!"

"鼠标单击速度太慢,我记得以前跟你讲过,按住 Alt 键可以在 PS 和其他软件里面调用菜单。在 Word 里也一样,Alt 键加上字母键,可以快速调用工具栏的工具。举个例子,比如你要把 Alt+Shift 的首字母改成大写。我们先按一下 Alt 键,这时再看菜单栏,上面出现了一些字母,这些字母就是快捷键按钮。"

按 Alt 键后显示快捷菜单键

"我们要用的更改大小写功能在【开始】标签,所以按 H 键,这时候开始显示的字母就是【开始】标签下的各个工具按钮的快捷键了。"

开始标签工具栏快捷键

"我们要用的更改大小写功能快捷键是数字 7 键,再按一下 7。"

更改大小写快捷键

　　"【每个单词首字母大写】这就是我们要的功能，它的快捷键是 C，按一下
C 就 OK 了。"老高按了一下 C 键，"Alt+Shift"首字母变成了大写。

　　"如果你记熟了，就可以按快点，Alt、H、7、C，当然顺序不能错。"说完
老高又操作了一次，这次速度非常快。

　　"这只是举一个例子，工具栏上所有显示了的快捷键的按钮都可以用这个方
法操作。"

　　"这么多快捷键哪里记得住啊？"小雯说道。

　　"只要你坚持用这个方法，那些常用的功能很快就能记住了。如果确实经常
要用到，可以在工具栏上单击鼠标右键，选择【添加到快速访问工具栏】。"

添加到快速访问工具栏

　　"快速访问工具栏的按钮会用数字显示，再按 Alt 键，就可以直接按 7 键调
出这个按钮了。"

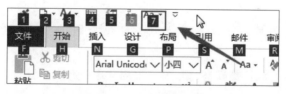

快速工具栏的快捷键

　　"哦，原来还可以这样，那我把常用的按钮都放在快速访问栏，就可以随时
用 Alt 键召唤它们了。"小雯的脸上露出了笑容。

　　"Alt 键的功能非常多，除了刚才这些，还有很多小技巧。比如 Alt+Shift+ 上
下方向键可以调整段落顺序，如果在表格里面可以调整这一行的行序。如果选中
表格中的多行再按 Alt+Shift+ 上下方向键可以把一个表拆分成两个表，或者把两
个表合并成一个表；Alt+Shift+ 左右方向键可以调整大纲级别。在工作不忙的时候，
自己留心整理一下，就能节省很多时间。"

"嗯，是还比较实用的，我就喜欢这种简单实用的干货。"小雯一边点头称赞，一边按着键盘上的翻页键。

3. 快速定位和导航窗格

"你在找啥？"老高问道。

"你刚才说得那个拆分表格，我来试一下，我记得这个文档里面有个表格的，忘记在哪里了。"小雯说道。

老高按了一下键盘上的 F5 键，弹出来一个窗口。"这就是 Word 的快速定位窗口，你是要找表格吗？在【定位目标】栏里双击表格，就直接跳转过去了。如果有多个表格，可以点'下一处'。"

F5 键快速定位

"那是不是图形、公式、标题也可以用这个定位？"小雯指着窗口问道。

"是啊！定位目标里面的这些都可以直接定位，还能通过页号定位。比如这份长文档，现在要跳转到第 38 页，你怎么到达这一页呢？"

"用鼠标滚轮，不然就用翻页键啊！"

老高笑了笑，又按了个 F5 键，在【定位目标】选择【页】，然后在【输入页号】栏输入了"38"，按下【定位】键之后，文档立即跳转到第 38 页。

"哦，这个还可以按页数跳转啊！"

"不过还有更好的办法，就是导航窗格，快捷键是【Alt】→【W】→【K】。"说完，老高调出了导航窗格。

"如果你的文档运用了样式，那么就可以通过导航窗格进行直接跳转了。"

"样式是什么？我好像没用过。"小雯摇摇头。

"有机会专门和你讲讲样式。"

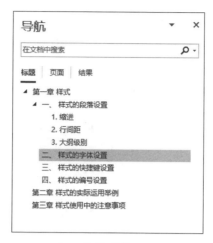

导航窗格

4. 用"查找和替换"批量修改

小雯想了想说："那如果我要查找定位一些特殊的文字呢？"

"问得好！除了刚才介绍的这几种方法，有时候我们需要去查找一些特定的文字、字符，这个时候就需要用到【查找】功能了，快捷键是 Ctrl+F，很好记，就是英文 Find 的开头字母。"老高说完按了一下 Ctrl+F 组合键。

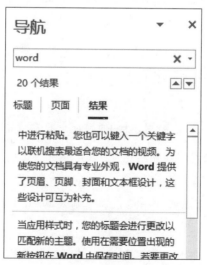

导航窗格的查找功能

"咦？这不是导航窗格吗？"小雯问道。

"是啊！你也可以通过导航窗格来调用这个功能，不过还是快捷键更方便。不过有时候，我们还会用到替换功能。比如在一篇长文档中，你发现某个专有名词错了，而它又重复了很多次，要把它全部找出来一个个替换很费时间。这时候就该替换功能上场了，它的快捷键是 Ctrl+H。"老高说着按了一下 Ctrl+H 键，弹出了查找替换窗口。

查找和替换窗口

"比如说我要把文档里所有的'Ctrl'替换成大写的，分别查找内容和替换内容里输入，然后单击【全部替换】就行了。"

"这个窗口怎么这么眼熟？"小雯指着屏幕问道。

老高笑了笑，"这就是和刚才按 F5 键调出的定位窗口是一个窗口啊！有 3 个不同的标签，分别是查找、替换和定位。"

"我说怎么这么眼熟呢！"

"你有没有在网页上找到一些内容复制到 Word 文档里，发现有大量的空行？"老高问道。

小雯点了点头，"有啊！我都是一行一行手动删除的。"

"用替换功能中的特殊格式，就能解决这个问题。"老高点开窗口下面的【特殊格式】在弹出菜单中选择了【段落标记】。

特殊格式段落标记

"这个'^p'就是每段结尾的标记,有空行说明有两个'^p'连在一起,我们把两个连在一起的'^p'替换成一个,就能删除空行了。"

替换功能删除空行

"哦，特殊格式的替换原来是这么用的，看来 Word 还有很多没掌握的技巧啊！"小雯感叹道。

5. 功能强大的 F4 键

"还有很多实用技巧，比如 F4 就是一个功能强大的快捷键。"

"F4？有什么用呢？"小雯问道。

"F4 键最基本的功能其实就是复制上一个操作，但是就是这么一个简单的设定，就能组合出多个用法。比如说复制粘贴。当你需要把一个目标复制粘贴多次时，在第一次粘贴后，按 F4 键就能实现多次粘贴。"

"就是少按一个键，没有觉得有多强大啊？"小雯说道。

"刚才说了 F4 的功能是重复上一个操作，如果上一个操作是设置文字或者段落格式，那么 F4 又变身成了格式刷。稍有不同的是，格式刷你需要单击图标按钮后去寻找目标，有时候容易刷错。而 F4 可以先把目标文字选中之后再按，一样可以把格式属性给复制过来。而且不光是复制文格式，还可以复制图片格式和属性。"老高说着，打开一个文档，选中其中的图片。

"比如这个文档里面有很多图片，现在我们要把图片大小和格式统一。图片格式你还可以设置好一张后，用格式刷去刷其他的图片，但是图片大小用格式刷是没法刷的。有了 F4，你只需要设置好其中一张的大小，然后逐一选择其他图片，按 F4 键就行了。"

"这个功能我正好要用到，上次还被领导说我文档里的图片大小不一呢！"小雯开心地说。

"我看你经常在 Word 里制作表格，针对表格编辑里面的操作 F4 就很方便了。比如插入多行或者多列，合并单元格都可以用 F4 来重复操作。"

"哦，明白了，只要需要重复进行的操作都可以用 F4 来节省时间。"小雯点着头说，接着又问道："还有哪些可以大幅提高效率的技巧呢？"

"这类技巧还有很多，比如说样式功能、自动图文集、自动更新目录，还有文档比较功能，像这些技巧太多了，今天和你聊的只是很小一部分，有机会专门和你梳理一下。"

小雯伸了下舌头，"看来我真得花点时间好好学学了，没想到一个文档编辑软件有这么多技巧要学。"

6. Word 学习方法

上面的故事只介绍了 Word 操作技巧中的很小一部分，但是对于高效操作能够带来的工作效率提升，相信已经很有说服力了。那 Word 有这么多操作技巧和方法需要去学习，有没有什么快速入手的方法呢？

首先，Office 自带的"帮助"能够解决大部分的问题。操作中出现了疑问，在"帮助"里搜索一下关键词，跟着帮助说明操作几次就会记住正确的操作了。

其次，利用好网络搜索引擎。要知道，大多数人遇到的问题别人也同样会遇到，在网上搜搜看别人是怎么解决的，很快就能找到相关答案。有时候在Office"帮助"里面搜不到答案，很可能是因为没有输入正确的关键词，或者说对软件的术语不太了解。在搜索引擎里，可以直接用自然语言输入，然后在答案里就会发现正确的关键词。

举个例子，不知道怎么输入平方米，在"帮助"里搜索"平方米"是找不到答案的，但是在搜索引擎里输入"Word 里怎么输入平方米"，就会出来很多答案。在答案里很容易就了解到，原来那个右上角的小字叫作上标，那么下次你又忘记了，可以直接在"帮助"里面搜索关键词"上标"了。

再次，有针对性地学习和积累。在工作学习不忙的时候阅读相关书籍，或者在网上搜索软件高手写的知识技巧文章。不求每个细节都熟记，但至少在脑中有个印象，某个操作有什么快捷方法，技巧叫什么名字，关键词是什么，哪怕临时要用的时候忘了，也能很快能够搜索找出来。怕的就是根本不知道正确的操作，以为自己的方法就是唯一的，又不愿花时间花精力去学习和了解。

相对于 Excel 和 PPT 来说，可能和 Word 打交道的人更多，但是就像开头说的一样，大多数人都没有用到 20% 的功能。如果在工作中必须和文字编辑打交道，那么就请按照上面介绍的方法，逐步学习掌握这款软件的操作技巧，这些付出的时间和精力，会让今后的工作得到成倍的回报。

2.2 Word 最具"性价比"的功能：样式和自动编号

提起办公软件 Word，很多人会一脸的不屑一顾。打个字写个文档，设个字体字号行间距，还需要花时间学吗？

没错，这些确实不难，但是如果你需要制作处理大型文档，例如项目文档、毕业论文、技术文档、产品文档，或者需要进行多人合作团队协同创作的话，你就能体会到它的强大，强大到甚至可以当作排版软件与那些专业的排版软件一较高低。Word 的样式功能就是最能体现效率的一个功能，可惜的是大多数人并不知道如何应用。

如果你的文档有多级标题，每个标题以及正文都要设置不同的字体、大小、对齐以及数字编号；如果你的领导或者客户要求你把文档中某级标题的字体全部改小一号；如果你的文档需要调整某个段落某个子标题的顺序、编号；如果你制作好的文档因为调整了标题顺序，目录页码全部要更新；如果……

不会使用样式，你只能挠着头灌着咖啡加班到后半夜！

如果掌握了样式功能，这都不是事儿！不用举着格式刷从头刷到尾，不用瞪着充满血丝的眼睛找来找去，不用来回翻页去更新目录页码。你要做的就是敲几下键盘，点几次鼠标，改几个样式的设置，几十上百页的文档刹那间就搞定了。

1. 什么是样式

老高看见小雯呆坐在电脑跟前，一脸无奈的表情，于是走过来问道："又怎么了？"

"这篇市场调查报告，写了好久，终于不用改内容了，现在又通知说字体不合适，要调整。几十页，几万字，用格式刷也要把人累死。"小雯气呼呼地说。

老高点开电脑上的文档，看了看，笑道："还记得上次我跟你提过的样式吗？"

"哦，是提过。"小雯想了想，用鼠标点开样式工具栏。"是这里吧？我试过，没弄明白怎么用，就没用了。"

"样式也可以理解为风格，是一堆格式特征的集合。比如装修房子有田园式、地中海式、欧式、中式等等，比如化妆风格有烟熏妆、新娘妆、复古妆等等。在 Word 里，一般我们说的样式是指格式的设置，包括字体、段落、编号等一系列的设置风格。"

老高看着小雯的表情，接着说："别着急，搞懂了样式，你这篇报告改起来也是分分钟的事。"

"真的吗？"小雯睁大眼睛，坐直身体，认真听老高讲。

"从操作上来说，一般人设置格式是选中一段文字用格式菜单或者格式工具栏进行各种设置。但是这种设置影响的只是这一段文字，而样式的设置是整个文档。只要你修改某个样式，应用这个样式对应的文档中所有的文字都会自动随之改变，减少了大量的重复劳动。我们通过几个操作实例来介绍样式的基本使用。"

2. 正文样式设置

"样式工具栏长成这样，不同版本里可能略有差别，Office2013 以后的版本差别都不太大。"

样式工具栏

"我们先来看看正文样式的设置，鼠标指向样式工具栏上的【正文】，单击右键，在弹出的菜单中选择【修改】，弹出【修改样式】窗口。"

"可以通过【格式】工具栏对【正文】这个样式的字体进行简单的设置，如果你要修改更多的设置，单击左下角的【格式】按钮。"

修改样式的格式

　　"我们最常用的是字体、段落、编号和快捷键这四种设置。首先来看看字体设置，单击【格式(O)】-【字体(F)】。"

　　"没什么特别的，和我们平时选中一段文字右键设置字体没有两样，但是区别在于这时设置的是名称叫作【正文】这个样式的字体。设置一次，所有运用【正文】这个样式的文字都会生效。"

　　"有这么神奇吗？"小雯听到这里，转头问道"正文是宋体小四号字，领导突然发话说这字太小了，要调大一号，我正准备用格式刷一段段的去刷呢。"

　　老高笑了笑，"你只需要把刚才那个样式-格式-字体设置调出来，调大一号，确定之后，整篇文档的正文都会变大一号。不用一段段去找正文重新设置或者用格式刷。"

　　小雯按照老高教的方法，把"正文"样式调整了一下，果然所有的正文字体都变化了。"咦，标题的字体也变了。"小雯问道。

　　"那是因为之前的文档，你没有设置标题样式，只有一个正文样式。不过别着急，标题样式马上就讲。"老高继续往下"我们再来看看段落的设置，同样【格式(O)】-【段落(P)】。"

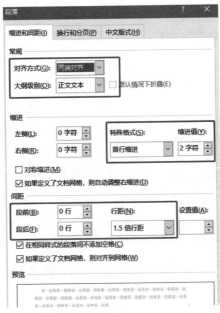

修改样式段落

　　"段落设置有几个要点，图中用红框标了出来。首先是对齐方式和大纲级别，对齐默认是两端对齐，可以根据需要更改。大纲级别这里对应的就是正文级别，如果我们是设置的标题样式，这里就要选择对应的 1 级，2 级，3 级等等。这个级别非常重要，有了层级的文档，我们在大纲视图下可以很方便地进行拖动修改，展开或者折叠，还可以导入到其他软件中，比如 PPT 和思维导图。"

　　"接下来是缩进，根据需要选择。这里默认的是首行缩进 2 字符。要注意的是单位，有时候软件显示的是【磅】或者【厘米】，需要手动改成【字符】。然后是行间距，调整的时候也要注意单位，如果是【磅】或者【厘米】，需要手动改成【字符】。下方有效果展示，可以很直观的进行预览。"

3. 标题样式设置

　　"刚才更改的是正文样式，现在我们来看看标题样式怎么设置。"说完老高用鼠标指向样式工具栏上的"标题"，单击右键，在弹出的菜单中选择"修改"，弹出"修改样式"窗口。

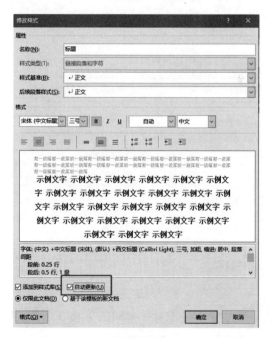

标题样式修改

　　"和正文样式没太大的差别，要注意的是【自动更新】的复选框一定打上钩。

另外就是标题有不同的级别，从文章篇首的大标题到章、节、小节各不一样。比如很多文章一级标题是用的'一、'加三号黑体字；二级标题用的'1.'加四号黑体字；三级标题用的'（1）'加小四号黑体字。这时有个新需求，三级标题改成四号字。那么你只需要在【样式】工具栏中右击'标题3'，选择【修改样式】进行修改，所有的三级标题就会自动改变，而不是你用格式刷一个个去重新设置。"

"真的吗？那我就不用加班了！快让我试试！"小雯迫不及待地拿过鼠标，用老高教的方法修改。果然像老高说的，只需要修改标题样式，整篇文章中的同级标题的格式就都改变了。

"现在开心了吧？刚刚没来得及讲完，在段落设置时要注意了，【大纲级别】要选择对应的级别，比如【标题】样式选择1级，【标题1】选择2级，【标题3】选择3级，以此类推设置下去。一般情况下都是默认对应的，但是心里要有这个层级的概念。"

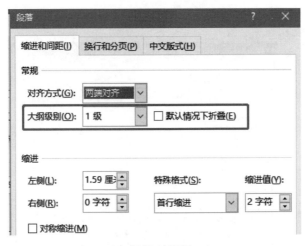

大纲级别设置

4. 用快捷键给样式提速

"咱们再来个能让你更开心的操作。右击一个样式，选择【修改】，在修改样式对话框，选择【格式(o)】-【快捷键(k)】，鼠标在【请按新快捷键】栏双击，然后设置你喜欢的快捷键。这样一段文字，你按一个快捷键，它就会马上变成对应样式的格式了。"

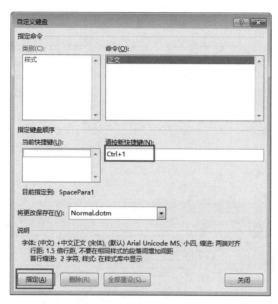

给样式指定快捷键

说完老高设置好正文和各个标题快捷键，然后选择中一段文字，敲击键盘上的快捷键，这段文字一会变成正式的字体格式一会又变成各种不同级别的标题，像玩魔术一样。

"这个好，这个方便！"小雯开心地又不自觉地拍起手来。

样式名称	推荐设置的快捷键
正文	Ctrl+`
标题	Alt+Ctrl+`
标题 1	Ctrl+1
标题 2	Ctrl+2
标题 3	Ctrl+3
标题 4	Ctrl+4

推荐样式快捷键

5. 多级段落编号怎么设

"不过这个标题的数字编号不好设，经常会乱，而且如果中间插入一个标题，后面的数字全部要改。"小雯开心了一会，又嘟起嘴来。

"如果你是纯手工操作当然会有这些麻烦，用样式就能解决这些麻烦，下面我们来看看编号怎么设置。"

多级列表工具栏

"在【开始】选项卡的【段落】里找到【多级列表】这个按钮,下拉列表里选择【定义新的多级列表】。"

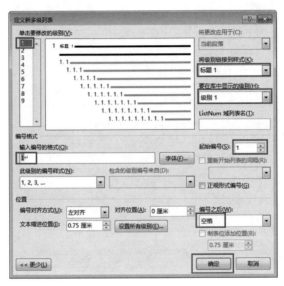

定义新的多级列表

"按照步骤进行设置,对应相应的样式和级别,【输入编号的格式】保持默认,【编号之后】这里改成空格,不然你的数字编号和后面的文字之间就没有间距了。"

"设置好数字编号之后,在你录入文字的时候,按对应标题的快捷键,Word就会自动设置好对应的数字编号。"老高做了几个标题的示范。

"不同的文档有不同的要求,不同的公司和单位也有不同的体系。有的是第一章、第一节,接着是汉字一,加括号的汉字(一),再跟着是阿拉伯数字1和加括号的阿拉伯数字(1)。有的是第一篇、第1章然后是1.1、1.1.1、1.1.1.1,这种该怎么设呢?"

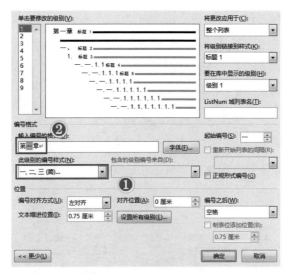

章节多级列表的设置

"在【定义新多级列表】中单击【此级别的编号样式】右侧的下拉框按钮，在弹出的菜单中找到中文的【一、二、三】，然后【输入编号的格式】就会变成中文一了。"

"然后在【输入编号的格式】中的汉字'一'前后分别加上'第'和'章'或者'篇''节'。需要注意的是，这个'一'状态像是被鼠标选中的状态。千万不能删除了手动输入一，那样的话数字编号就不能自动计算变更了。"

"设置好之后你的标题就会变成这样了，你来试试。"老高讲完，让小雯自己操作，亲手体验一下。

第一章 样式

一、样式的字体设置

二、样式的快捷键设置

三、样式的段落设置

   1. 缩进

   2. 行间距

   3. 大纲级别

第二章 样式的实际运用举例

第三章 样式的编号设置

章节样式示例

6. 样式的其他好处

"我们来看看这种情况，如果这时要把第一章下面的'样式的段落设置'的顺序从第一条调到第四条，'样式的编号设置'提升一级变成第四章，怎么做？"老高指着刚才做的案例文章问道。

小雯摇了摇头，"如果是我，肯定是手动设置了。"

"如果你是手动输入的，而且文章非常长的话，这个调整就比较麻烦了。你必须手动更改每一个受到影响的标题，包括顺序、数字编号。下面我们来看看用样式怎么调整。"

大纲视图工具栏

选择【视图】选项卡的【大纲】视图。

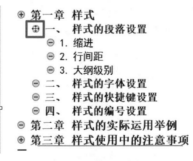

大纲视图更改级别 1

"把鼠标指向'样式的段落设置'，这时候鼠标会变成一个带着四个箭头的十字型。"

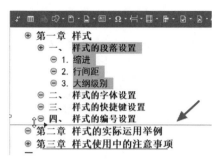

大纲视图更改级别 2

"单击鼠标不放，直接拖动到'四'后面，出现一条带箭头的横线时再释放鼠标。"

⊕ 第一章 样式
　⊖ 一、　样式的字体设置
　⊖ 二、　样式的快捷键设置
　⊖ 三、　样式的编号设置
　⊕ 四、　样式的段落设置
　　⊖ 1. 缩进
　　⊖ 2. 行间距
　　⊖ 3. 大纲级别
⊖ 第二章 样式的实际运用举例
⊕ 第三章 样式使用中的注意事项

大纲视图更改级别 3

"这时，'样式的段落设置'就成了第四点了，前面的数字编号也自动进行了变更，是不是超级方便？几十页上百页的文档，影响十几个标题的调整也是一样搞定。"

"那如果把标题提升一级或者降一级怎么操作呢？"小雯问道。

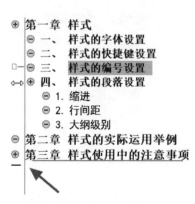

大纲视图提升级别 1

"一样用鼠标选中'三、样式的编号设置'，然后横向拖动鼠标直到出现一条竖线，当竖线和你要调整到的级别平行时释放鼠标。"

- ⊕ 第一章 样式
  - ⊖ 一、 样式的字体设置
  - ⊖ 二、 样式的快捷键设置
- ⊕ 第二章 样式的编号设置
  - ⊕ 一、 样式的段落设置
    - ⊖ 1. 缩进
    - ⊖ 2. 行间距
    - ⊖ 3. 大纲级别
- ⊖ 第三章 样式的实际运用举例
- ⊕ 第四章 样式使用中的注意事项

大纲视图提升级别 2

"这样'样式的编号设置'就被提升到'章'这个级别了，然后再去调整它的顺序。"

"最终达到我们要调整的效果，也不过用时几秒而已。所有影响到的章节数字编号，都会自动重新计算重新编号。"

"没想到样式功能这么强大，真应该多研究研究。唉，想想自己真是浪费了太多时间了。"小雯叹着气说道。

"没事儿，从今天开始，学会使用样式功能，你会觉得用 word 写东西都是一种享受！"

Word 还有非常多的人性化的功能，上面介绍的只是样式的基本用法。就算只掌握了这些最基本的用法，也会在工作和生活中节省大量简单重复劳动的时间。虽然每个职场中的人都离不开文档编辑，离不开 Word，但是九成以上的人都没有真正用过样式功能，甚至拒绝去了解样式功能带来的工作效率上的提升。如果有兴趣钻研更多的样式功能，想掌握更多提升效率的工具和办公软件技巧，试试前面章节提到的搜索引擎，找对关键词就能找到答案。

2.3 快速成为 Word 高手的效率手册

前面通过一些实例，我们已经了解到部分 Word 操作中的技巧以及样式的用法，但显然还是不够。要想成为 Word 高手，必须了解正确的学习方法和成长路径。我们的宗旨一是要掌握工具的用法，二是要提高时间的使用效率。所以，如何用性价比最高的方法学习和掌握使用最频繁、最能节省时间的功能，才是我们关注的要点。

不是每个人都有学习和研究各种软件的热情，大多数人只是想如何快速应付完手头的工作，这也无可厚非。但是事实上他们却用的是最原始的工作方法，做着简单重复劳动，或者根本就是错误的方法，不仅没有快速完成，反而埋下了隐患，一旦文档需要修正错误、调整顺序、改变结构的时候，只能一声长叹从头再来。

Word 有这么多功能、命令、菜单、工具，应该先学什么后学什么呢？

如果我们把每个技巧或者功能单列出来，统计其在工作中的使用频率和学习这项功能所用到的时间，做成表格，就很清楚学习的顺序了。

学习所需时间	使用频率	优先级别
少	高	1
多	高	2
少	少	3
多	少	4

这个表格不仅仅适合 Word 的学习，应该说适合所有软件和工具的学习。

除了使用频率的高低之外，正确的方法和操作习惯也非常重要。如果一开始没有规范，而是养成了错误的习惯，那么后面纠正起来就会比较困难，以至于有些人干脆就一直沿用自己觉得顺手，却是错误的方法。长此以往，虽然自己知道浪费了大量的时间和精力，但坏习惯已经养成，很难再改得过来。

下面我们就从这几方面着手，看看学习 Word 的正确方法和路径。

1. 规范操作习惯

老高听见小雯又把键盘敲得啪啪作响，走过来问道："上次讲的样式学习得怎么样了？"

"学是学会了，不过觉得不用每次都这么麻烦吧！我这会儿在写明天的会议通知，字数不多，时间也不赶，就没有用样式功能。"小雯一边继续敲着键盘一边说。

老高看了看小雯的操作，摇了摇头，说道："网上有个帖子，总结了高手和新手的区别，想不想看看你中招了多少？"

小雯停下来，看着老高问道："什么区别？"

老高调出一张表格发给小雯。

新手和高手的区别

操作	新手	高手
新建文件	选择【文件】→【新建】	Ctrl+N
保存文件	忘了存	Ctrl+S
移到文件头	鼠标滚轮	Ctrl+Home
段落缩进	敲空格	拖动标尺；样式
标题居中	猛敲空格	Ctrl+E; 样式
分页	猛击回车	插入分页符
段间距离	猛击回车	样式
靠右对齐	猛敲空格	Ctrl+R；利用表格对齐
目录	手动录入	自动生成
自动编号	手动录入	自动生成

小雯看了不禁笑了起来，"这说的不就是我吗？"

"总结得不错吧？看一个人会不会用 Word，看这几样操作就知道了。"

"能达到效果不就行了？干吗要纠结用的什么方法呢？"小雯撇了撇嘴。

"有些操作可能只是速度的快慢，但另外一些错误操作会给文档埋下很多隐患。如果文档需要修改调整，加班是跑不了了。比如说标题字体和编号的更改，这些我们之前已经讲过。"

"嗯，差别太大了，样式和编号真是能够省下很多事情。"小雯点点头。

"学任何一个软件或者技能的时候，一定要用正确规范的方法，基础要打好后面才会越学越快。除了刚才这些操作之外，还要养成一些好习惯。之前关于文档管理，我记得也讲过。要给文件取一个恰当适合归类的文件名，不要随手就保存成'文档1''文档2'。还有在操作过程中，随时注意按快捷键 Ctrl+S 进行保存，不要相信 Word 的自动保存功能。还有就是在开始编写文档之前，就要想好文档的结构、样式、纸张、页面布局，而不是在过程中一边打字一边又去操心排版。"

"这些好像都是我的坏习惯，经常忘记保存，或者随便存了个文件名找不到。还有一边打字，一边改字体排版，打完了，又要改一遍。不过自从上次学会了样式之后，就不会再犯这种错误了。"

2. 能用快捷键绝不用鼠标

"之前我们讲过很多关于快捷键了，今天我也不想给你罗列什么 Word 快捷键大全，有搜索引擎有帮助文件，不需要我帮你列。不要嫌我啰唆，但确实大多数人对使用快捷键有误解，他们觉得既然菜单和工具栏在那里了，还需要花费脑力去记什么快捷键呢？"

小雯笑着说："我也是这么想的，为什么还要去记快捷键呢？"

"我记得跟你讲过肌肉记忆的概念，可能你没太明白。比如拿保存文件的快捷键 Ctrl+S 来说，如果你要和背单词一样来背诵，那肯定感觉会是占用脑力的，但是如果你每次保存文件的时候就用手操作一下，按一下快捷键，用不了多久，就成了不占用脑力的肌肉记忆。就好像指法熟练了，打字的时候，你想到一个词或一个句子，手自然就开始敲键盘了。从来不会在大脑里去想，这个字的拼音或者五笔是什么码，这几个字母分布在键盘上什么地方一样。"

"好像是啊！你的意思就是快捷键记忆其实不用太耗费脑力，只要开始多操作几次，自然就形成和盲打键盘一样的肌肉记忆了？"

"对！就是这个意思！"老高点了点头，"而且一旦你记住了快捷键，就不用把注意力放在用鼠标去找菜单找工具图标上了。这个时候要操作什么，一闪念，手自然就去按快捷键了。"

"那是不是所有的操作都要记忆快捷键呢？"小雯问道。

"当然不是，Word 有几百个快捷键，估计也没有人能够记全。其实只需要记住那些高频使用的功能，或者埋藏很深操作起来很复杂的功能。比如上次讲的自定义样式快捷键，如果你要改变段落的字体字号、段落缩进、段前段后距离，得有多少步的操作？现在按一个对应样式的快捷键，一秒不到就完成了。"

"这个确实厉害，不仅节省时间，而且特别有成就感。"

"不光是 Word，其他工具软件的常用快捷键都值得记一记。自己在网上搜一下对应软件的常用快捷键，下载下来，放在手边，用的时候经常看一看，很快就掌握了。"

3. 我的工具栏我做主

"话又说回来，"老高停了一会继续说道，"快捷键记忆是一方面，但现实问题是随便一个软件都有几十上百个快捷键，而且有些需要同时按几个组合键，这样反而感觉不太方便了。"

"是的，有时候不是记不住，是感觉按得挺别扭。"

"不过就算用鼠标点工具栏，也有个问题，就是你要不停地来回切换标签。针对这个问题，Word 有个很好的功能，就是【快速访问工具栏】。"

"那些使用频繁的工具栏图标，可以把鼠标放在上面并右击，选择【添加到快速访问工具栏】。"

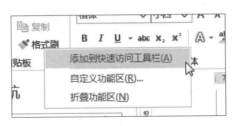

添加到快速访问工具栏

"这个【快速访问工具栏】和普通工具的区别是什么呢？"小雯问道。

"如果你这会处在【插入】标签，但是临时要用到【格式刷】，就必须重新单击【开始】标签，或者按 Alt 键激活菜单快捷键再根据按键提示来逐步选择。但是【快速访问工具栏】是不会随着标签变化的，如果像我这样把【格式刷】放在【快速访问工具栏】的第一个，那么就方便得多。"

Alt 键激活快速访问工具栏快捷键

"哦，这样用鼠标点就快多了，不用来回找，而且还可以按 Alt+1 键直接调用。"

"对，当你按 Alt 键激活时，【快速访问工具栏】都能够用 Alt 键加数字激活，比鼠标单击或者其他组合键都要快速，也好记，相当于自定义的个人专享快捷键。"

"这个方法好，待会我要把自己喜欢的工具都加到里面去。"

4. 用"自动目录"代替手动目录

"Word 除了快捷键和快速访问工具栏能提高效率外，还有一些自动化的操作也能让我们省很多事。写论文、做标书，都需要制作目录，你是怎么做的？"老高突然问道。

"之前没有搞懂样式，我都是先把目录标题都打好，空也留好，等到文件最终不再修改了，再把页码用手给敲上去。不过只要文档被打回来修改，就要全部手动修改了。"

"如果你使用样式来规范文档，那就简单了。在【引用】标签里单击【目录】，在弹出的下拉菜单中选择下边的【自动目录】，一切就搞定了。"

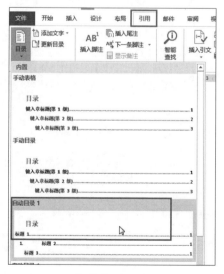

生成自动目录

"真是太省事了，如果文档内容修改了，这个目录会自动修改吗？"

"不是实时更新，但是也很方便。在刚才的【目录】按钮旁找到【更新目录】按钮，单击后出来的窗口可以选择【只更新页码】或【更新整个目录】，点确定就可以更新了。"

更新目录

"这两个选项有什么区别呢？"

"如果只是增删造成页码变动可以选第一项，结构改变、层级变化就要选第二项，建议更新的时候都选第二项。"

5. 用"比较"代替肉眼检查

"除了自动目录，还有别的自动操作吗？"小雯问道。

"你有时候发给别人的文章，修改完了会告诉你修改了什么地方吗？"

"一般不会，要自己对着两份文档仔细看，特别是合同，必须逐字逐句地看。"

"Word 提供了一个功能，可以自动对照两份文档的修改内容，我们可以在【审阅】选项卡中找到【比较】。"

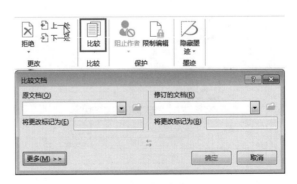

比较文档功能

　　"分别在【原文档】和【修订的文档】的浏览下拉框里选中需要进行比较的文档,单击【确定】后,系统就开始自己对文档进了比较。如果你要对照检查的话,Word 一共有四种方法供你选择。"

比较文档的显示选择

　　老高打开一个文档,随手修改了几处,然后用比较功能进行对比。

　　"这个功能真是太好了,改了什么一目了然,再也不用睁大眼睛一字一句去读了。"小雯说。

　　"能用软件自动代替的事情,千万不要用手动人工去做。出了错,没有人会因为'苦劳'而原谅你的错误。这是一个基本原则,另外还有个原则,就是'太阳底下没有新鲜事'!"

　　"这是啥意思?"小雯问道。

　　"就是说,发生在你身上的事,有很多人已经发生过,而且如果这件事很麻烦,费时费工,那肯定也有人研究过解决方法。所以,当你觉得检查文件修改内容很痛苦时,不妨到网上搜一下'怎么检查两份文档的修改内容',结果马上就出来了。"

　　"唉,是啊!多浪费了好多时间啊!以后一定记住要多用搜索引擎。"

6.　"自动图文集"的妙用

　　"听说过 Word 的自动图文集吗?"老高问道。

"好像听说过，但是没怎么用过，是跟图片有关系吗？"小雯问道。

"自动图文集是 Word 一个非常有用的功能，可以用它来快速输入一些需要重要输入的内容。比如公司名称、财务账号，一些固定的术语。手动输入容易出错，存在别的文档里到用的时候还要去找，找到再复制，不太方便。我们来看看自动图文集怎么用的。"

老高打开文档选中末尾公司的全称，"首先选中目标文字，然后在【插入】标签【文档部件】里找到【自动图文集】，单击【将所选内容保存到自动图文集库】。"

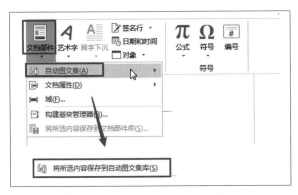

所选内容保存到自动图文集

"在弹出来的对话框的名称中可以指定一个缩写，比如公司名称的首字母，单击确定之后就完成了。以后再需要在文档中输入公司名称，只需要输入'gsmc'回车，全称就出来了。"

新建构建基块

"我记得你跟我讲过在输入法里面也可以用自定义短语来实现。"

"记性不错，输入法确实可以实现。因为这是无格式的文本输入，但是如果我们选的内容包含格式还有图片，那输入法就无能为力了，这种情况就要靠自动图文集出马了。"

"嗯，用这个方法插入公司的 LOGO、名片，都很方便。"

"你想想，还能用来做什么？"老高问道。

小雯转了转眼珠，然后又摇了摇头，"没想到。"

老高笑了笑，"如果你想把一份文档里的样式传递到另外一份文档中，有什么办法？"

"这个我知道，上次学习了样式之后，我就研究过，在【管理样式】里面有个【导入 / 导出】可以把一份文档的样式导出到另外一份文档里。"

"不错，但是这个方法比较烦琐，要单击多个菜单、工具栏、弹出窗口。"

"还有个办法，把文件另存一个文件名，然后把内容复制进去。"

"这也是个办法，不过还是比较麻烦，输入文件名，选择保存路径，新内容和旧内容之间还要调整半天。"

老高打开一个新的文档，在键盘上输了几个字母按了一下回车键，空白文档里面马上出现了一段文字，原来是设置好的各级标题。

"哇，这个快，是怎么弄的？"小雯大声问道。

"方法和刚才一样啊！只不过换了一种思路，就解决了另外一个问题。就好像之前我们用 Everything 这个搜索软件当作软件启动器一样。把设置好的常用各级标题选中存到自动图文集里面，然后在任意文档里面都可以马上输出，样式也跟着到了新文档，一秒钟就可以实现到达。"

"我怎么没想到？"小雯挠了挠头。

"其实我想说的是知识和技巧虽然重要，但是思路更重要。有时候很复杂的问题可能会用一种很巧的办法就能轻松解决。再举个例子，简历还有一些论文标书上，经常会有姓名、电话、地址或者项目负责人、日期之类的几行文字需要对齐。如果新手可能是使劲敲空格，有点经验的可能会用标尺去拖动对齐。高手，一般会直接建一个表格，把文字填进去，单元格设置为分散对齐。然后把表格设置为无框线，就解决了。又方便又快捷，还很容易修改。"

"嗯，有道理，不过目前我还只是在熟练一些基本的操作，可能要完全掌握了才能像你一样融会贯通。"

"没事儿，只要学习方法对了，操作习惯是规范的，很快就会成为 Word 高手。"

7. Word 学习路径

Word 作为处理文档首选的办公软件，功能非常强大，把所有功能、技巧罗列出来，不仅不可能，也完全没有必要。而且根据操作者的身份、工作性质不同，也有完全不同的侧重点。这里，我们旨在通过一些比较通用的实例和工作场景，来为大家揭示 Word 学习进步的路径。

先从一些投入时间少，但是收益高的操作小技巧、快捷键入手，引导自己一步步去投入更多的时间学习，一点点去积累，从小惊喜到收获更大的回报。如果一开始就抱着一本大部头的操作技巧大全、宝典，可能就完全没有学习的兴趣和动力了。

除了在工作中积累，也要在空闲的时间去浏览一下相关的书籍、文章，不是说非要熟练掌握，但至少有个大概印象，在工作场景中遇到问题了，可以打开浏览器用搜索引擎查找解决方法。怕就怕那种遇到问题，连搜索什么关键词都不知道，最后只能用最原始的办法去解决。

所以，其实学习 Word 不用花太多时间精力，从操作规范入手，适当掌握一些常用快捷键，搞懂样式和自动编号，平时收集一些操作小技巧，就能快速成长为一个办公小达人。

2.4 玩转 Excel 从数据整理开始

考古学发现，人类最早留存的文字记录是一个叫"库辛"的苏美尔人用楔形文字在泥版上刻下的这样一句话：

29086（单位）大麦，37 个月，库辛。

时间大约是公元前 3400 年到公元前 3000 年，距今已有五千多年了。

不是哲学家关于人生的思考，也不是传唱英雄人物的诗歌传奇，人类最早的文字记录就是干巴巴的一堆数据——债务、税务以及财产。

就像人类文明离不开数据一样，现代化办公的数据处理也离不开 Excel。从问世以来，它不断地渗透到各行各业的方方面面。工作汇报、绩效考核、数据分析、财务报表、人事统计，无所不在、无孔不入。虽然学校里不教，但实际上 Excel 已经成为职场的标准技能。要用好 Excel，基础要打牢，首先要学会处理数据。就像厨师要先学会处理食材才能做出可口的饭菜一样。把杂乱无章不合规范的数据整理好，才能按需要提取到数据里面包含的信息。

下面我们就从最基础的数据处理方法开始为大家提供一种从零开始入手学习 Excel 的思路。

1. 文本和数字格式相互转换

"忙不忙？"小雯回头问老高。

"还好。"老高看着小雯的电脑屏幕，"有什么问题？"

"我在整理商户信息表，最近不是要更换线上支付平台吗？所有的商户资料都要重新整理，这些图片是商户交上来的身份证复印件，我要对着这个把身份证录入表格中，可是老有问题。"

"什么问题？"老高问道。

"录入完后，变成了【E+】不能正确显示后面的数字。"

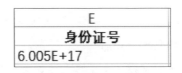

身份证号不能正常显示

"哦，这是因为单元格的格式没有设置正确，有两种方法可以解决。"老高指了指键盘，"看见回车键左边的这个键没？这是英文的单引号，输入身份证号码之前，先按一下它，再输入，就正常了。"

小雯按照老高说的方法试了一下，果然正常显示了。"这是为什么呢？"

"你刚刚说的那个【E+】叫科学计数法，如果一个单元格里面数字位数过长，Excel 就会用科学计数法来显示。前面有个英文单引号，就是告诉 Excel 这个单元格是文本型数字，这样它就不会用科学计数法来显示了。"

"哦，是这样。"小雯指着屏幕说，"你刚才说还有一个种方法，是怎么弄的？"

"把身份证这一列选中并右击，设置单元格格式，选择【文本】这样就不用每次输入都加个单引号了。不光是身份证，还有这一栏银行卡号的输入也要事先设置好单元格再输入，比输入完了再来设置格式要省事得多。"

设置单元格为文本格式

"哦，原来这个单元格的还要设置格式。"小雯点着头说。

"单元格有 12 种类型，包括了日常所需各种数据格式，最后一种【自定义】更是包含了无限可能，可以创造自己的格式。很多人就是因为没有数据格式这个概念才会出现这样那样的各种问题，总觉得不按你的想法来，设置格式就是事先告诉 Excel 你的想法，当它了解了你对这个单元格的想法后，就会按你的意思来呈现。"

"那为什么输入身份证和银行卡号的时候，要把单元格设置成文本呢？不都是一串数字吗？"小雯将了一下头发，问道。

"这个问题问得好！明明是一串数字，为什么要设置成文本呢？其实单元格是数字还是文本，不是看内容长得像什么，而是要看它是否需要进行计算。身份证和银行卡虽然呈现出来是一串数字，但是却没有计算的需求。你不可能把一列身份证或者银行卡求和吧？所以本质上它们是一串长得像文字的数字文本。"

"哦，明白了。"小雯点点头，"不过有时候我从别处导入过来的表格，有些数字单元格，求和计算后显示结果为 0，那是为什么呢？"小雯问道。

"还是单元格的格式问题，虽然这些数字看起来是数字，但是单元格的格式是文本，Excel 在计算时，把所有的文本都当成 0 来处理，当然结果是 0 了。"

"那要怎么处理才能得到正确的结果呢？"小雯问道。

"也有几种方法，先说最简单的。你有没有注意到，这些文本前面有个绿色的三角形？"老高指着屏幕说。

"嗯，看到了。"小雯点点头。

"选中这个单元格，前面就会出现一个带着感叹号的黄色标志，把鼠标放到这个标志上面，就会出现这么一个提示，说这个单元格的数字是文本格式。"

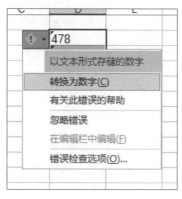

文本格式提示信息

"你把要修改的这一列全部选中，然后鼠标单击黄色标志，在弹出的菜单中选择【转换为数字】。"

转换为数字

"这一列单元格就转换为数字了，你看下面的求和结果也正确了。"

"哦，这么简单啊！这个绿色小三角形我以前就注意过，不过不知道是干吗的，原来还有这个功能。"小雯又问道："你刚才说还有别的方法？"

"嗯，再给你介绍一种文本单元格转换数字的方法。"老高说完拿起鼠标。

"先选中一个空格单元格，右击选择复制，或者直接按 Ctrl+C 快捷键。然后再选择这一列单元格右击【选择性粘贴】。"

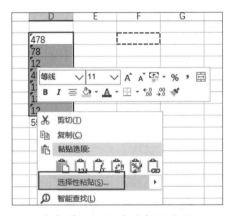

选中单元格右击选择性粘贴

"在【选择性粘贴】窗口中，选择下方的【运算加】，这一列单元格同样就会变成数字了。"

选择性粘贴选择运算加

2. 日期格式的转换

"文本和数字格式的转换弄明白了，不过有时候还会遇到日期的计算，比如说这个表。"小雯说着打开一张表格，"这里要根据合同签订的日期计算出到期的日期，显示计算结果出错，你知道的，我最怕函数了，所以我每次都是手动计算的。"

合同签订日	合同到期日
2019.5.15	#VALUE!
2019.3.29	#VALUE!
2019.6.1	#VALUE!
2019.11.13	#VALUE!
2019.3.1	#VALUE!

日期格式不正确

老高笑了笑，"其实 Excel 函数没你想的那么难，像你这个表格，是录入日期的时候，没有按照 Excel 的标准录入，所以单元格的格式不对，用函数就能转换过来。不过既然你不喜欢用函数，那我们就用别的方法。"

"选中这些单元格，在菜单栏的【数据】标签里找到【分列】，在【文本分列向导-第1步】里，选择【固定宽度】，再单击【下一步】。"

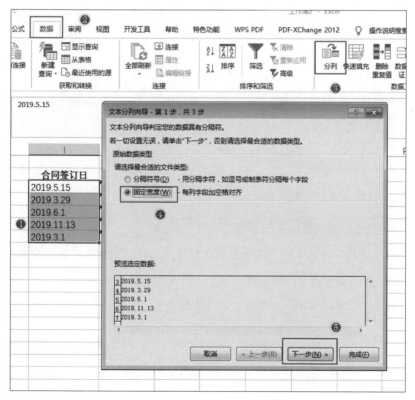

数据分列中选择固定宽度

"第2步不用管，直接点下一步，在第3步的【列数据格式】里，选择【日期】，然后单击【完成】。"

第3步列数据格式选择日期

"真的，这会儿结算结果就显示正常了！"小雯看着屏幕，想了想说："是不是每次要先设置单元为日期，再进行输入？"

"养成这样的习惯当然最好。"老高点了点头继续说，"其实你输入日期时用斜线或者横线去分隔年月日，而不是按照中文的习惯用小数点去分隔年月日的话，Excel就能正确识别日期格式。"

3. 用数据分列对数据进行处理

"刚刚用到了数据分列，这个功能是非常强大的。比如有时候需要把日期里的年、月、日单独分离出来做计算，我们来看看怎么操作。"

"和刚才一样，选中单元格后，单击【数据】→【分列】→【分隔符号】。"

数据分列选择分隔符号

"在第 2 步里取消选中【Tab 键】，然后在最下面的【其他】的输入框里输入要作为分隔标识的斜杠【/】。这时候下面的【数据预览】就会实时显示分隔后的数据，继续单击【下一步】。

分隔符号选择其他输入斜杠

"数据格式选择日期，在目标区域单击右侧的向上箭头选择存放数据的单元格，这里我们选第一行的 B、C、D 列。如果你不选择的话默认是会覆盖原数据所在的单元格，如果分列有误，原数据也没有了。所以建议选择其他单元格，然后单击完成。"

数据格式选日期并选择目标区域

"这样数据就自动存储在不同的单元格了，当数据中间有特殊固定符号的时候都可以用这种方法。"

	A	B	C	D
1	2019/5/15	2019	5	15	
2					
3					

日期数据分列效果

"刚才用的是分隔符号，我们再来看看固定宽度怎么进行数据分列。比如说我们想把身份证中的出生年月日给提取出来，当然可以用函数来完成，这里我们还是用数据分列的方法来实现。选择【固定宽度】，再单击【下一步】。"

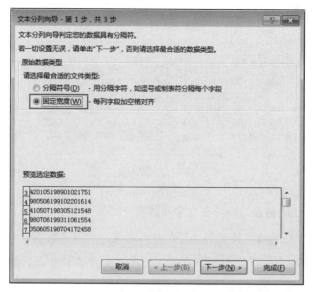

选择固定宽度提取日期

"在第 2 步窗口中的【数据预览】中，拖动鼠标会出现一条竖线，把竖线放在合适的地方，就能完成数据分列，可以设置多条分隔竖线。本例中，是放在出生日期的两侧，点【下一步】后选择目标区域后单击完成。"

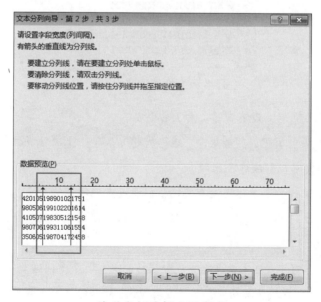

拖动鼠标选择分隔宽度

"和上面一样，在下一步里面选择合适的目标区域之后，结果就出来了。"

A	B	C	D
420105198901021751	420105	19890102	1751
980506199102201614	980506	19910220	1614
410507198305121548	410507	19830512	1548
980706199311061554	980706	19931106	1554
350605198704172458	350605	19870417	2458
910604198012162548	910604	19801216	2548

日期分隔结果

4. 用 Word 的替换功能分离文字和数据

"这种比较规则的字符用宽度可以分离出来，但是长度不一样的时候怎么办呢？"小雯说着调出一张表，"比如这个表，姓名和身份证号在一起，没有分隔符，固定宽度也不合适，怎么办？"

	A
1	何志源510103196109113423
2	杨柯110108196708285726
3	黎原420103197304073730
4	谷衡110108196711101146X
5	谢杰110106198012213624
6	林少雄12010119790330201X
7	李诗林110104198005050430
8	朱媛媛110105198207082146

姓名和身份证混在一起

"你说呢？"老高没有回答，看了看小雯。

小雯歪着头想了想，笑着说，"哦，我想起来了，上次你教过我，用 Ctrl+E 快捷键智能填充可以解决这个问题。"

老高也笑了，"看来你还没有忘记，智能填充确实能够解决，不过这个功能只有在 Office 2013 以后的版本才有。还有个办法可以实现，还记得上次我们讲过 Word 查找替换功能吗？"

"记得，不过 Excel 不是也有查找替换功能吗？"小雯问道。

"Excel 也有查找替换功能，不过没有 Word 的功能强大，我们来看看具体是怎么操作的。"老高打开电脑上的 Word，"先把这一列数据复制到 Word 中，然后按 Ctrl+H 快捷键调出替换窗口，在特殊格式里选择范围内的字符。"

Word 替换窗口特殊格式里选择范围内的字符

"这个时候查找内容窗口就出现了一个方括号，里面有个破折号。在这个破折号前后分别输入 0 和 9。"

查找内容输入 0-9

"这个0到9的意思就是找出所有的数字然后替换掉吗？"小雯问道。

"聪明！就是这样，我们点全部替换看看。"老高说完单击【全部替换】按钮，Word界面上的身份证数字都消失了，只剩下姓名。

"哦，这样就把姓名给分离出来了，那如果要替换掉姓名只留下身份证号码呢？"小雯继续问道。

"操作方法一样，不一样的是在0的前面加一个感叹号。"

查找替换非数字内容

"这个感叹号的意思是否定？"小雯问道。

"对了，就是这个意思。这次查找替换掉的是所有非数字的字符，那么剩下来的就只有文本也就是姓名了。分别把两次操作的结果复制回Excel就达到了我们分离的目的了。"

A	B	C
何志源510103196109113423	何志源	510103196109113423
杨柯110108196708285726	杨柯	110108196708285726
黎原420103197304073730	黎原	420103197304073730
谷衡11010819671101146X	谷衡	11010819671101146X
谢杰110106198012213624	谢杰	110106198012213624
林少雄12010119790330201X	林少雄	12010119790330201X
李诗林110104198005050430	李诗林	110104198005050430
朱媛媛110105198207082146	朱媛媛	110105198207082146

文本和数字分离后的结果

"哇，没想到Excel里的操作，还能用Word来实现。"

"还记得之前我们讲的用批处理解决批量建目录的方法吗？有时候为了达到目的，需要用几个不同的软件和方法来实现。不过今天介绍的这些方法其实都能够用 Excel 的函数轻松实现，下次有时间跟你讲讲 Excel 的函数。"老高笑着看了看小雯，"别怕，函数没有那么难的。"

"好吧！"小雯无奈地说。

除了上面这些操作案例，在实际工作中会遇到很多数据源非常杂乱的情况，比如人事行政、库存管理、财务单据，数据中的姓名、数字、金额、单位都混杂在一起。

如果宽度一样就用宽度分隔，如果有特殊标记的就用字符来分隔，这个字符可以是符号、汉字、空格、数字，如果一步不行就分成几个步骤来完成。要处理这些数据可能会用到多种不同的方法，甚至还要借助不同的软件，但是思路一定要清晰。

数据整理和表格规范的要点包括：

● 设置正确的数据类型

● 不能有合并单元格

● 不要有空行

● 列标题不能为空

如果没有数据类型不对，可能会遇到表格统计计算结果为零，函数返回值报错。如果存在合并单元格、空行、列标题为空，那么数据透视表无法正确处理数据。养成好习惯，拿到数据之后先进行处理。掌握了这些原则，把源数据导入 Excel 中就能通过函数、数据透视表对数据进行加工处理、统计分析，从而发现数据中隐藏的事实。

2.5 如何打造高颜值 Excel 图表

就像没人有会透过邋遢的外表，去发现优秀的内在一样，也没有人会通过丑陋的图表，去发现有价值的数据。每个人都是视觉动物，领导也不例外。

有些人觉得下功夫研究图表的美化，还不如去花时间研究函数公式来提高工作效率。可是不要忘记，我们制作表格也好图表也罢，最终目的都是为了提取其中有效的数据，表达我们对数据分析后形成的观点。而让读者最大限度地获取信息才是最有效率的方法。

如果一张图表排版整洁美观，数据一目了然，重点突出醒目，不仅能正确反映数据背后隐藏的事实，更能帮助我们准确表达数据分析的观点，从某种意义上说，美化图表也是一项非常重要的工作。

简单地说，图表变美了，领导开心了，很少加班了，搞不好就升职了、加薪了！

1. 什么是好看的图表？

老高今天来得有点早，没想到小雯比他到得更早，正坐在电脑前，对着小圆镜涂着口红。

"今儿有啥情况？收拾得这么漂亮？"老高笑着说。

"今天下午不是区域领导来检查活动准备吗？曹总要我做汇报呢！"小雯一面说，一面抿了抿嘴唇，突然像是想到了什么，对老高说，"对了！曹总说我的图表太丑了，让我美化一下，快帮帮我！"

老高放下手里的包，走过来说："让我看看。"

小雯打开文件，老高看了笑着说："嗯，你这几个图表确实有点朴素，需要给它们化化妆，整整容。"

"不就是几个数据的对比吗？干吗要做那么好看呢？"小雯嘟着嘴说。

"做图表出来就是为了去表达和说明数据背后的意义，除了准确以外还要突出重点，更重要的是要体现专业度。说白了，就是外在美和内在美一样重要。不然你上班干吗穿工装化淡妆呢？如果穿个睡衣，邋里邋遢地汇报工作，能有好的效果吗？"

小雯被老高的话逗笑了，"那什么样的图表才显得专业呢？"

老高回到自己的工位，在电脑上打开文件，小雯也凑了过来。

"我们来对比一下。"老高指着屏幕，"这个是用默认生成的柱形图。"

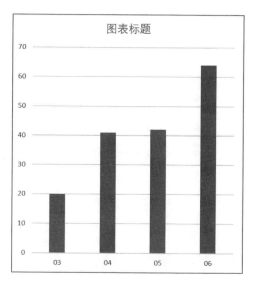

系统默认生成柱形图

"这个是商务周刊风格的图表，是不是没有对比就没有伤害？都是柱形图，只是调整了一下尺寸、字体、配色，就会给人完全不一样的感觉，普普通通的图表马上就有了一种大气的商务范儿。"

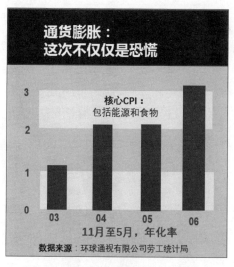

商务风格柱形图

"还有这张条形图，通过色彩对比突出了数据的反差。"

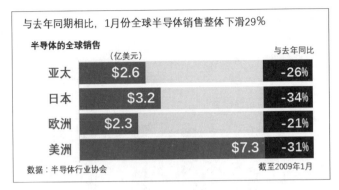

与去年同期相比，1月份全球半导体销售整体下滑29％

半导体的全球销售
（亿美元）　　　　　　　　　　　　　　　与去年同比

亚太	$2.6	-26%
日本	$3.2	-34%
欧洲	$2.3	-21%
美洲	$7.3	-31%

数据：半导体行业协会　　　　　　　　　　截至2009年1月

商务风格条形图

"下午就要汇报，从头开始慢慢讲来不及了，我实际操作一遍，看怎么快速做出有商务范的高颜值图表吧！"

"嗯，好的。"小雯点点头。

2. 图表基本元素的设置

"右边这个表格是数据源，在【插入】选项卡，选择【柱形图】，就会生成默认的柱形图。"

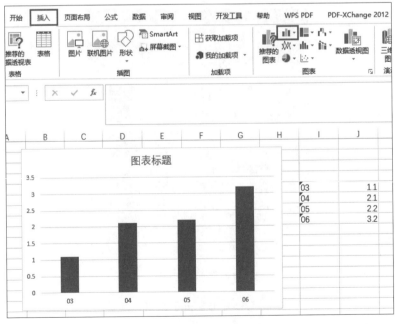

插入标签选择图表

"选中新生成的图表，右上角浮现三个按钮，单击加号形状的按钮，弹出【图表元素】菜单，取消选中【图表标题】和【网格线】。"

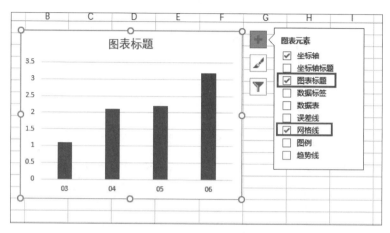

取消图表标题和网格线

"为什么要把图表标题和网格线取消呢？"小雯问道。

"因为图表自带的标题修改起来不太方便，倒不如取消了然后用图文框或者其他方式来做标题，可以随意调整样式颜色。自带的网格线也会影响到数据的显示，我们可以根据自己的需要灵活地制作参考线。"

"鼠标选中图表中的柱形图，这时每个柱形图四个角会出现小圆点，表示已被选中。单击鼠标右键，在弹出菜单中选择【设置数据系列格式】。"

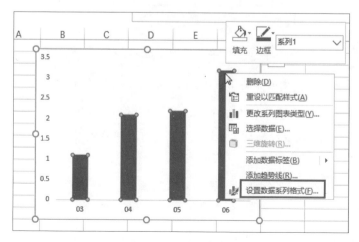

设置数据系列格式

"在【设置数据系列格式】对话框中，有两个值是可以设置的。【系列重叠】指的是当图表中有多个数据系列时，彼此之间重叠的位置。这个表只有一个数据系列，所以用不上。"

"没明白什么意思。"小雯摇了摇头。

"意思是说如果这个图表的数据有两列，分别用红蓝两个柱形图表示，那么这两个柱形之间的重叠的距离。"老高又解释了一次。

"哦，是这个意思。"小雯点点头。

"【间隙宽度】就是用来调整柱形的宽度以及不同柱形之间的间隙，可以输入数值，也可以拖动滑动。我们这里可以输入75%看看。嗯，效果还不错。"

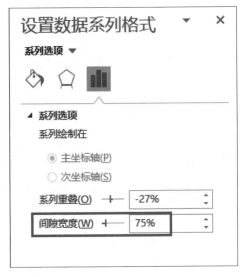

调整间隙宽度

"现在我们来设置图表的字体。用鼠标选中横轴坐标中的文字，右键菜单中选择【字体】，设置英文字体为 Arial，字号可以根据情况设置，这里我们设成11。用同样的方法设置纵轴坐标中的文字，也可以用格式刷去刷。"

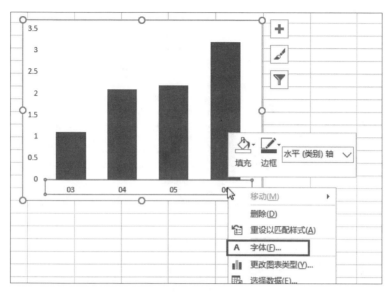

设置坐标轴字体

"再次选中图表并右击，在菜单中选择【填充】→【无填充】。这时图表就显示为透明状态，可以看见下面的单元格框线。"

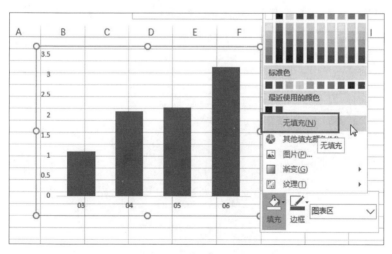

填充设置为无填充

"我们再来设置纵向坐标轴，在【设置坐标轴格式】对话框中，把【边界】的【最小值】和【最大值】分别设为0和3.5，把【单位】里的【大】设为1。这么设置是为了让图表显示得更简洁美观。"

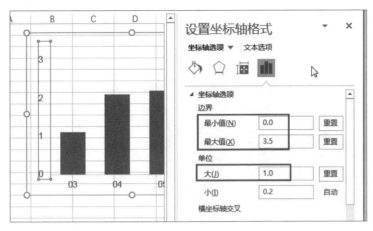

纵向坐标轴的设置

"做到这里，图表的主体部分就大致设置完了，感觉如何？"

小雯点点头，"嗯，确实比较简洁美观。"

"我们接下来就是利用 Excel 的单元格来做底色，填充图表。"

3. 设置单元格底色

"用鼠标选中 B 列并右击，选择【列宽 (W)】，根据需要设置好列宽，这个表，我们大概可以设为 43。"

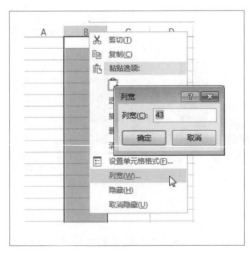

设置 B 列列宽

"接着选中第 2 行，同样的方法，把行高设置为 60。"

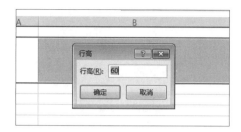

设置第 2 行行高

"选中 B2 单元格，将填充色设为黑色或者蓝灰色。"

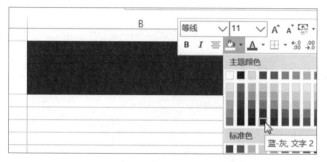

设置 B2 单元格填充色

"继续用鼠标选中 B2-B18，把填充色设置为浅灰。"

"这个单元格选择有什么要求呢？"小雯问道。

"这个要根据你的图表大小灵活掌握了。"

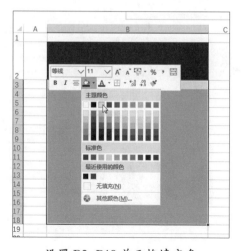

设置 B2-B18 单元格填充色

"还有两个颜色比较浅点的方框，也是用单元格填充吗？"小雯问道。

"这两个框如果也用单元格填充，调整列宽比较麻烦，我们插入两个矩形框，就能很灵活地解决问题，而且还可以灵活调整矩形框的长宽大小。"

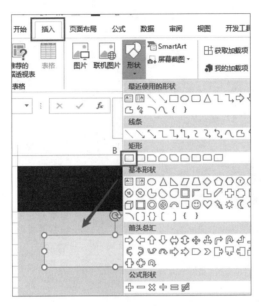

插入矩形框

"把刚入插入的矩形框复制一下到下面，再把做好的图表移动到 B2-B18 单元格上并右击，选择【置于顶层】。"

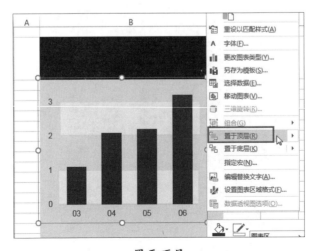

置于顶层

"怎么样，现在图表的轮廓就出来了吧？"

"嗯，感觉不难啊！剩下的就是打字了吧？"

"是的，插入文本框这个不用我教了吧？把副标题、摘要还有其他的文字给补上，整个图表就完成了。"

4. 美化图表需要注意哪些

"你看，一个模仿商业周刊的图表就这样轻松完成了。如果熟练了，稍稍改变一下配色，就能做出更多种变化来。"老高说着，又调了几个商业图表出来。

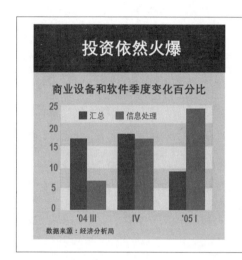
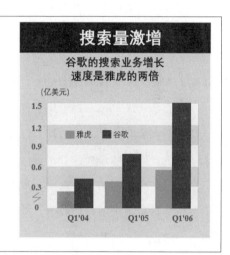

更多商业风格图表

"除了配色不一样外，多了一个数据系列，其他没有什么不同，我觉得应该不难做。"小雯说。

"通过上面的实际操作，我们了解了图表具体制作的方法。如果总结一下，要做出好看的商业图表，有哪些要点呢？"老高问道。

小雯歪着头想了会，说："我觉得好的图表，首先要有好的配色，太花里胡哨的不好看。"

"嗯，说得对。不过配色的学问很深，有的图表为了突出数据使用强烈对比的色彩，比如《商业周刊》的经典蓝红色。也有的使用同一色系的色彩，比如《经济学人》的蓝灰色系，还有一些使用不同的灰度色来表现。"

"作为初学者，尽量使用同色系的搭配，也可以模仿那些商业化图表，用之前介绍给你的截图工具找出图中颜色的 RGB 值，用到自己的图上。以后有机会我们再专门讲讲配色。除了配色，还要注意什么呢？"

"我觉得字体也很重要。"小雯答道。

"对！字体也很重要。图表多数都是用在商务领域，所以对字体的选择尽量不要使用过于花哨或者太个性化的字体，比如书法字体、手写字体都不合适。尽量选择黑体、微软雅黑这些容易阅读又不会分散注意力的字体。英文字体也一样，推荐使用 Arial 或者 Times New Roman 字体。"

"嗯，我也发现了，图表上要用一些感觉比较严肃的字体。"小雯说道。

"不光是字体要选，字号也要设置好。同样类型的文字要统一字号大小，给人整齐划一的感觉。忽大忽小的字体会干扰图表中的数据表达。还要注意的是，同样字号的衬线字体和非衬线字体，看起来大小是不一样的。"

"什么叫衬线字体和非衬线字体？"小雯问道。

"这个以后有时间，我们再专门讨论。"

"对了，还有网格线。"

"嗯，要少用网格线，或者干脆不用框线，直接使用色块填充来区分和界定数据。如果需要使用网格的时候，尽量用隔行填充的方法，把相近的数据给分隔开来。"

"还有一个总原则，就是布局要简洁，与数据无关的元素能删掉的都删掉。掌握了以上这些原则，你的图表就能脱颖而出了。"

说到这里，老高看了看时间，"时间不早了，赶快抓紧时间把你的图表美化一下吧！"

常用的图表有很多，除了柱形图还有条形图、折线图，但是总结起来无非是以上提到的这些元素。掌握了基本的原则，就可以做到举一反三。对于初学者，最好的方法是动手模仿，平时多在网上搜一搜、看一看，尤其是商务杂志和国外网站的图表。

看见好看的图表，随手保存下来。把图表拆解成各个元素，模仿着做一做。可以一边做一边思考，为什么这种字体字号就好看？为什么这两种颜色搭配在一起就能突出内容？

除了图表，表格美化也很重要。新版的 Excel 本身就提供了很多精美的模版，选中数据范围，在【开始】标签中选择【套用表格格式】，里面提供了各种不同风格的表格模板。另外单击【文件】→【新建】里的【搜索联机模板】里也提供了大量不同行业各种用途的表格，可以直接套用。如果想提升一下，可以自行研究一下这些精美表格模板中的字体、对齐、框架、底色填充，网格线的特征，就能掌握精美表格的规律。

无论是汇报工作还是项目介绍，第一印象都非常重要。就像专业的演讲者要有形象顾问来帮忙打理自己的形象，图表和表格也需要进行化妆美容，让"她"的气质符合各种不同的场合。无论在什么场合下，高颜值的图表和表格都能够迅速抓住眼球，让空洞无聊的数据变得多姿多彩，同时也能体现制作者清晰的思路和专业的制作水准。

2.6 别怕！函数就是和 Excel 对话！

可能是因为上学的时候被数学函数、物理定理、化学方程式"虐"得太狠，所以大多数人听到函数两个字，或者看到外观形状类似函数和公式的不明物体就会眉头突然紧锁，头上三条黑线，背后一身冷汗。尤其是非理科专业的，会立即认怂，绕道离开。

其实大可不必，Excel 里的函数没那么复杂，它其实不过是你和电脑对话的一个窗口，也可以把它看作是一种语言。把我们想要做的事情从自然语言翻译成 Excel 能懂的语言，它就会按照我们的指示给出结果。

下面我们就来了解怎么用函数和 Excel 对话。

1. 文本处理

"哎呀，快要变成'表妹'了！"小雯把键盘一推，身子往椅子上一靠。

"又在做表？"老高问道。

"是啊！做不完的表，人事、财务还有区域,各种表，复制粘贴得手都要断了。"小雯说着，把双手交叉，来回活动着手腕。

"所以啊，Excel还是要花点心思学学的。你看你不愿意学函数，那就只有天天做简单重复劳动。"

"用了函数真能省事儿？"小雯睁大眼睛问道。

"要不然呢？如果函数不能省事，那发明函数干吗用呀？"老高笑了笑。

"可是我看见函数、公式就头皮发麻，上学那会儿就没学好函数。"

"Excel的函数又不是三角函数、化学公式，甚至都不需要你去死记硬背。只要你理解了，其实就是用函数和Excel去对话，告诉它你想要什么？它听懂了自然就会把你要的东西给你。"

"真的这么简单？"小雯停下来看着老高。

"比如你这个表要把部门和姓名分离出来，可以用上次我教你的数据分列，但是用函数更简单。"

	A	B	C	D	E
1			部门	姓名	
2	财务部张栋				
3	财务部罗舒冰				
4	工程部王涛				
5	工程部朱华菊				
6	行政部刘书会				
7	企划部易丽坤				
8	企划部赵歌				
9	人事部温玉林				
10	人事部周媛媛				
11	物业部王红				
12	营销部罗俊潇				
13	营销部姚璐伟				
14	招商部郦冬				

分离文本

"那你教教我用函数怎么弄？"小雯往旁边挪了挪，把位置给老高留出来。

老高拿起鼠标选中"部门"下面的单元格，"在【公式】选项卡选择【插入函数】，搜索函数处输入函数名称【left】，单击【转到】，选择函数后单击【确定】。"

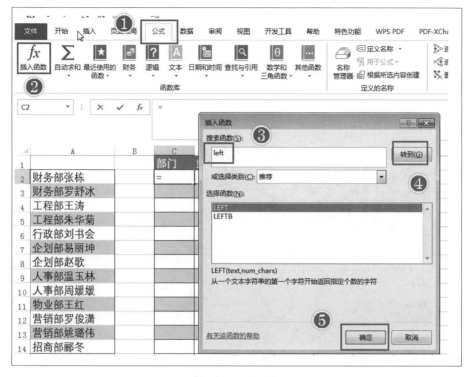

插入 LEFT 函数

"在【函数参数】对话框中的第 1 个参数【Text】输入栏，输入 A2，就是目标单元格。在第 2 个参数输入栏，输入字符个数【3】。这时你看计算结果【财务部】已经在输入栏右下角显示出来了，单击【确定】完成输入。"

LEFT 函数输入参数

"这个时候单元格已经显示出了计算结果，同时上方的编辑栏也显示出了完整的函数。"老高指着屏幕对小雯说。

"嗯，操作看懂了，但是这个函数表示什么意思呢？"小雯问道。

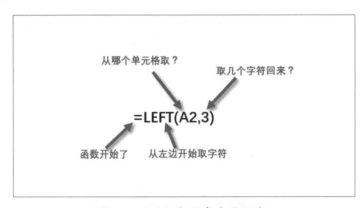

C2	▼	:	✕	✓	fx	=LEFT(A2,3)	

LEFT 函数计算结果

"这个函数翻译过来的意思就是把 A2 单元格的字符给我取出来，从最左边开始，取 3 个给我！"

从哪个单元格取？　　取几个字符回来？

=LEFT(A2,3)

函数开始了　　从左边开始取字符

把 LEFT 函数翻译成自然语言

"哦，你这么说我就明白了。"小雯点了点头。

"我们继续用 MID 函数把姓名也给分离出来，虽然参数多，但是也很好理解。翻译过来，就是把 A2 单元格的字符给我取出来，从中间第 4 个开始，取 3 个给我！"

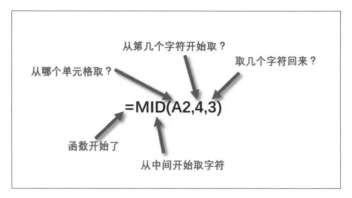

把 MID 译成自然语言

"嗯，这个也不难理解。"小雯点点头。

"输入完成就会显示出姓名，这时候用鼠标选择分离出来的部门和姓名单元格，也就是 C2 和 D2。把鼠标放在 D2 的右下角，当它变成一个黑色十字架的时候往下拖动鼠标。其他单元格就会自动填充函数，并且计算出结果。"

	A	B	C	D	E	F
			部门	姓名		
	财务部张栋		财务部	张栋		
	财务部罗舒冰		财务部	罗舒冰		
	工程部王涛		工程部	王涛		
	工程部朱华菊		工程部	朱华菊		
	行政部刘书会		行政部	刘书会		
	企划部易丽坤		企划部	易丽坤		
	企划部赵歌		企划部	赵歌		
	人事部温玉林		人事部	温玉林		
	人事部周媛媛		人事部	周媛媛	鼠标往下拖	
	物业部王红		物业部	王红		
	营销部罗俊潇		营销部	罗俊潇		
	营销部姚璐伟		营销部	姚璐伟		
	招商部郦冬		招商部	郦冬		

往下复制函数

"哇，这个速度真是快，比用数据分列做都快！"

"是啊！无论这个表有几百上千行，第一行的函数对了，往下一拉就全部搞定。想象一下如果靠手工复制粘贴，得加多少班？"老高回头看着小雯。

"唉，看来真要学学函数了，不然太费手了！"小雯说着甩了甩手。

2. 单元格合并

"再举个例子,看这个表。我们要把书名外面加上书名号,作者名字加上圆括号再合并起来。用别的办法都比较麻烦,用字符串合并函数就能很方便地做到。"

书名	作者
解忧杂货店	东野圭吾
我们仨	杨绛
宝宝第一套好性格养成书:皮特猫	艾瑞克·利温
白夜行	东野圭吾
人类简史:从动物到上帝	尤瓦尔·赫拉利
自在独行:贾平凹的独行世界	贾平凹
岛上书店	加·泽文
追风筝的人	卡勒德·胡赛尼

合并单元格内容

"字符串合并的函数有很多,比如 Concatenate 等,但函数名太长了,不好记,这里给你介绍一个好记的,看见数字 7 上面的符号没?" 老高说完指了指键盘问小雯。

"看到了,这是连接符。"

"对,连接符!在 Excel 里可以用它来替代字符串合并函数,非常方便。我们先增加几个辅助列。"老高在表格后面的几列输入了书名号和括号。

书名	作者	C	D	E	F
解忧杂货店	东野圭吾	《	》	(	)
我们仨	杨绛	《	》	(	)
宝宝第一套好性格养成书:皮特猫	艾瑞克·利温	《	》	(	)
白夜行	东野圭吾	《	》	(	)
人类简史:从动物到上帝	尤瓦尔·赫拉利	《	》	(	)
自在独行:贾平凹的独行世界	贾平凹	《	》	(	)
岛上书店	加·泽文	《	》	(	)
追风筝的人	卡勒德·胡赛尼	《	》	(	)

辅助列输入符号

"接下来就简单了,先输入等号,然后用连接符号把这些单元格给串起来。"老高说完,在单元格中录入了内容。

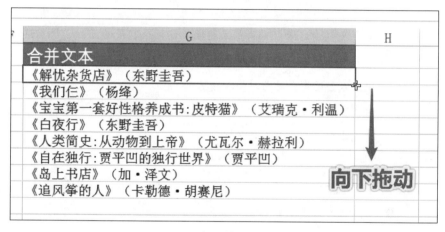

	A	B	C	D	E	F		
1	书名	作者					合并文本	
2	解忧杂货店	东野圭吾	《	》	（	）	=C2&A2&D2&E2&B2&F2	
3	我们仨	杨绛	《	》	（	）		
4	宝宝第一套好性格养成书:皮特猫	艾瑞克·利温	《	》	（	）		
5	白夜行	东野圭吾	《	》	（	）		

用连接符连接单元格

"回车之后，单元格内容就变成你想要的结果了。和上面一样选中这个单元格，用鼠标往下拖动复制函数，就完成了所有内容的合并了。"

合并文本

《解忧杂货店》（东野圭吾）
《我们仨》（杨绛）
《宝宝第一套好性格养成书:皮特猫》（艾瑞克·利温）
《白夜行》（东野圭吾）
《人类简史:从动物到上帝》（尤瓦尔·赫拉利）
《自在独行:贾平凹的独行世界》（贾平凹）
《岛上书店》（加·泽文）
《追风筝的人》（卡勒德·胡赛尼）

向下拖动

向下拖动

"这招好用，我经常要用到。有时候要在姓名前加上部门,有时候要加上工号,还有的时候在后面加电话号码，好像都可以用这招来搞定。"小雯开心地说。

"看来你慢慢了解了函数的好处了！"老高笑着说，"文本处理类的函数还有很多。除了上面介绍的 MID 是从中间取值，LEFT 和 RIGHT 分别是从左边和右边取值，还有计算字符串长度的 LEN，FIND 查找文本所在位置的 FIND。这些函数都好理解，看看函数参数的解释就知道怎么用了。下面我们看看稍微复杂一点的数据查找怎么用函数来实现。"

3. 数据查找

A	B	C	D	E	F
名字	片酬		姓名	所在行号	片酬
小杰	6000万		小龙		
小龙	4500-5000万		小渤		
小星	3000-3500万		小怡		
小华	2000-2500万				
小伦	1200-1500万				
小渤	1200-1500万				
小古	1200万				
小怡	1000-1200万				
小峥	1000-1200万				

在表格中查找指定内容并返回对应的数据

"比如我们要在左边这张表里找出右边表里这几个明星的片酬。当然这个表很简单，你可以用肉眼找到，也可以用查找功能找到，但在几万行数据里找到多个特定数据，相信你会耗费更多的时间和精力！"

"对啊！对啊！"小雯点着头说，"上次在商户列表里的几百个商户里找出已签约商户，我就是用查找功能一个个找的。有几个商户名称不规范，我又用肉眼找了一遍。"

老高笑了笑，"为了便于理解，我在右边这个表里加了个辅助列，就是【所在行号】这一列。来看看怎么操作吧！首先，要找到表二中姓名所在的行号，然后再去找姓名所在这一行后面一列对应的片酬。在表二的'小龙'后面一个单元格输入【=MATCH(D3,A:A,0)】。这个函数翻译过来就是在这一堆名字里面找到'小龙'在哪一行哪一列。"

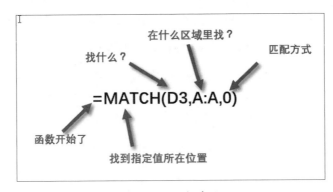

MATCH 函数含义

"这里 D3 就是'小龙'这个姓名所在的位置，第 D 列第 3 行，就是你要找的目标。"

"那 A 冒号 A 是什么意思呢？"小雯问道。

"这是指姓名所在的这一整列，告诉 Excel 在这列里面去找。"

"最后一个 0 是什么意思？"小雯又问道。

"最后一个 0 指的是精确匹配，现在结果应该出来了，是【3】，说明位置在 A 列的第 3 行。"

"在后面那个单元格继续输入【=INDEX(B:B,E3,1)】。"

D	E	F
姓名	所在行号	片酬
小龙	3	=INDEX(B:B,E3,1)
小渤		
小怡		

INDEX 函数输入

"这个 INDEX 函数又是什么意思呢？"小雯问道。

"这个函数翻译过来就是在指定区域里面，把第几行第几列的那个单元格内容给我找出来。刚才我们找到'小龙'所在的行是第 3 行，那现在我们需要在片酬这一列里找到第 3 行的片酬返回来就行了。"

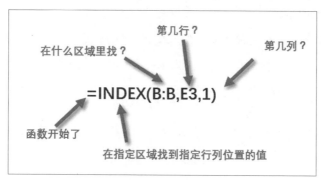

INDEX 函数含义

"B:B 指的就是片酬所在的这一列 B 列，E3 是前面单元格找到了【小龙】这个名字所在的行数；最后的数字 1 指的是从 B 列开始计算的第 1 列，输完了回车结果就出来了。"

姓名	所在行号	片酬
小龙	3	4500-5000万
小渤		
小怡		

INDEX 返回内容

"是不是和上面一样向下拖动复制，其他行的结果也跟着出来了。"小雯问道。

"是的，这两个函数的搭配使用也很好理解吧？"

"嗯，基本上明白了，可能还需要自己动手试一下。"小雯点点头。

"如果将来你熟悉了这后，可以进行函数嵌套，把公式改成【=INDEX(B:B,MATCH(D3,A:A,0),1)】一次就能搞定。"

"这个什么嵌套感觉有点复杂啊！"小雯又皱起了眉。

"是的，新手不要一开始就学函数嵌套，用辅助列，就像这个例子里，我增加了一个列【所在行号】，就是为了帮助你理解的。还有单元格合并里面也是用辅助列实现。"

"如果你理解上面的方法，那么还有一个函数要了解一下，它就是 VLOOKUP，号称 Excel 函数之王，很多人使用这个函数来查找数据。"

4. VLOOKUP

"员工信息表里面包含员工姓名、工号、性别、籍贯、出生年月的信息，如果这个表有几百上千条员工信息，用肉眼或者 Ctrl+F 快捷键去查找返回信息效率太低了，我们看看 VLOOKUP 应该怎么用。"

	A	B	C	D	E	F
1						
2						
3		姓名	工号	性别	籍贯	出生年月
4		张栋	3596	男	山东	1985年8月
5		罗舒冰	4778	女	湖北	1980年9月
6		王涛	5178	男	北京	1979年3月
7		朱华菊	4661	女	吉林	1983年12月
8		刘书会	7507	男	北京	1980年8月
9		易丽坤	3887	女	天津	1990年9月
10		赵歌	3455	女	河北	1983年3月
11		温玉林	4107	女	河南	1985年12月
12						
13		姓名	出生年月			
14		刘书会				
15						

员工信息表

"在表中的 C14 单元格，也就是姓名后这个单元格输入公式'=VLOOKUP(B14,B4:F11,5,0)'。"

"这个函数的参数好像有点多，看起来有点复杂。"小雯皱了皱眉。

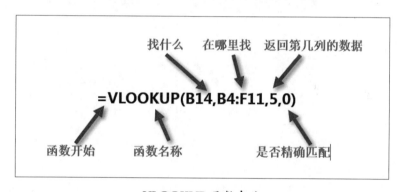

VLOOKUP 函数含义

"虽然多了个参数，但是翻译过来一样很好理解。第 1 个参数是要找的内容，这里的 B14 就是姓名所在单元格；第 2 个参数是查找的区域，包括了整个表格的信息；这里要注意的是第 3 个参数，表示要返回值的序列号，'出生年月'是 F 列，它位于 B4:F11 区域的第 5 列，所以这里的参数值填 5；最后一个参数是否精确匹配，如果是'false'或者 0 就表示精确匹配。输入完成后，回车结果就出来了。"

VLOOKUP 查找出生年月返回结果

"哦，用 VLOOKUP 这一个函数就可以实现刚才那两个函数的查找返回功能啊！"

"是的，函数的查找区域不变，只要修改要查找的值和要返回的列数，就能得到你想要的信息。"老高复制了几个单元格，修改了一下各自公式的函数。

姓名	工号	性别	籍贯	出生年月
张栋	3596	男	山东	1985年8月
罗舒冰	4778	女	湖北	1980年9月
王涛	5178	男	北京	1979年3月
朱华菊	4661	女	吉林	1983年12月
刘书会	7507	男	北京	1980年8月
易丽坤	3887	女	天津	1990年9月
赵歌	3455	女	河北	1983年3月
温玉林	4107	女	河南	1985年12月
姓名	出生年月			
刘书会	1980年8月			
姓名	籍贯			
易丽坤	天津			
姓名	工号			
罗舒冰	4778			

VLOOKUP 查找返回结果

"这两种用法，各有优缺点。建议都掌握，理解运用熟练了，其实都差不多，无非是用函数和 Excel 对话，告诉它你想要找什么内容，返回什么内容。"

"今天听你讲了函数，觉得也没有想象的那么难。这几个例子，我自己再试试，消化一下。"

老高点了点头，"自己多试几次就能快速掌握了，不过这只是最基本的用法，有时间还得多学习多熟练。"

Excel 函数的学习是没有止境的，但却有方法。大家没有必要把几百个函数全部都学会，除非是研究函数的专业人士。结合自己的工作，学会最常见的函数，尤其是自己工作中有可能用到，能够节省大量时间的函数。少做很多无聊单调的重复劳动，工作效率会呈指数级提高，在时间上的投入产出比是非常可观的。

首先要集中时间突破和自己工作相关的常用函数，这些函数一定要学精学透。通过 Excel 提供的函数指导和帮助文件，搞清楚函数的功能作用以及每个参数的意思。如果还是不明白，就上网搜索一下，看看别人举的实例。

然后就是浏览一下其他不常用函数的功能，不需要花太多时间，也不需要精确掌握用法，但是要大致做到心里有数，有这么一个概念，某个函数有什么运用。真正在工作中遇到类似问题了，马上想到可以用函数实现，然后通过查帮助查案例来解决问题。

随着解决的问题越来越多，节省的时间越来越多，成就感就越来越强，对函数的兴趣就越来越大，就会不自觉地去学习积累新的函数用法，这才是 Excel 的正确学习路径。

2.7 让你的数据会说话——数据透视表入门

很多人用了 Excel 多年却不知道数据透视表为何物，不知道它到底有什么神通，究竟能干些什么事情。

简单来说，可以把数据透视表理解成一款基于 Excel 的小型数据库软件，可以对数据表格进行分类、筛选、计算，从各个不同的维度对数据进行分析的一个工具。

文字描述是不会带来直观的体验，我们就从最简单的例子开始，为大家打开数据透视表的大门。

1. 什么是数据透视表

和几个相关部门同事沟通完营销活动落地方案，已经快下班了。这时候手机屏幕亮了，老高看了一眼，是小雯发的消息："呼叫表哥，表妹请求支援！"以"表妹"自称的小雯最近一直在和各种表格做着抗争，在老高的建议下，也终于开始重视 Excel 的各种技巧和操作了。

"'表妹'又有新活儿了？"老高回到办公室，问道。

"是啊是啊！要交好多好多表，区域下发的作业说是要从不同角度分析活动数据，为下次营销活动做参考。"

老高看了看屏幕，"别着急，有了基础数据，这些表格都不难，用数据透视表很快就能搞定！"

"数据透视表是啥？我经常听到别人说，就是不知道干吗用的。"

"数据透视表是一种交互式的表格，用来做汇总统计非常方便。不需要你用函数公式，只需要简单操作，拖一下，点一下，就能做出你想要各种分类汇总表格。"

"有这么厉害？"小雯显然不太相信老高。

"当然，还可以轻松创建各种分析图表，是做数据分析的专业工具之一。来，给你演示一下！"老高接过鼠标，双击打开桌面的一个表格。"比如这个绩效考核表，我们就用透视表试试，看怎么生成统计汇总数据。"

"做数据透视表之前，要注意几个问题。一是表格标题不能为空，二是不能有合并单元格，否则就不能生成透视表。另外还要注意数据格式，比如日期格式是否正确，是否有文本型数字，这都会影响到计算和求和，后面操作的时候我们再具体讲。"

2. 用数据透视表"变"出各种表

"这张表数据不多，如果手动做表也用不了多少时间，但是如果有几百上千条数据，用数据透视表就能省下很多时间了。"

部门	姓名	学历	工龄	绩效考核分数
物业部	邵振华	大专	2	89
营销部	张岳	本科	6	81
财务部	马玉洁	大专	9	95
事业部	张亚蛟	本科	5	83
工程部	向小龙	高中	2	86
物业部	崔思思	本科	2	92
营销部	张瑞文	大专	4	82
人事部	李其霞	本科	8	83
行政部	黄鹏	本科	2	98
工程部	徐孟	大专	8	91
物业部	陈立新	本科	3	85
营销部	李坚	大专	1	87
财务部	张红柳	本科	6	81
事业部	时海	大专	1	96
财务部	谷菲贤	硕士	1	88
事业部	卢斌	本科	3	85

绩效考核表

"在【插入】选项卡上选择【数据透视表】，还记得我们说过的 Alt 键快速调用吗？这里也可以，依次按 Alt、D、P、F 键就能调出来。"

"Alt 加 D、P、F，嗯，我记下来了。"小雯担心记不住，用笔写在本子上。

在插入选项卡选择数据透视表

"单击之后，会弹出【创建数据透视表】窗口，在【表/区域】栏会自动选中当前表格的数据源，就是表格里用高亮线闪动包围的部分。如果选择区域不符合你的需求，可以单击【选择一个表或区域】→【表/区域】右侧的向上箭头，重新选择，也可以手动录入起始单元格的行列号。"

"在【选择放置数据透视表的位置】一栏，根据你的需要，多数情况下选择【新工作表】以免误操作破坏数据源。"

"就是新建一张工作表，把数据透视表放在新工作表上，对吧？"小雯问道"那如果选择【现有工作表】呢？"

"如果选择【现有工作表】，就要在【位置】里告诉你的透视表在现有工作表里的什么位置，以免破坏数据源。"

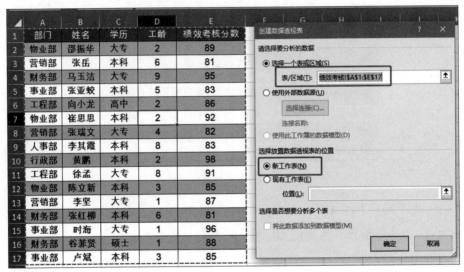

创建数据透视表窗口

"单击【确定】之后，就会进入下一步。右边这个【数据透视表字段】窗口，就是我们用来设置字段的地方。注意一下左边的空表和表头，这里一共有四个区域，分别有文字显示：【将报表筛选字段拖至此处】【将行字段拖至此处】【将列字段拖至此处】【将值字段拖至此处】。这四个区域和右边下方的四个部分是一一对应的。也就是说你用鼠标把字段拖动到左侧的空表中和拖到右下角的四个窗口，操作结果都是一样的，下面我们来看看具体是怎么操作的。"

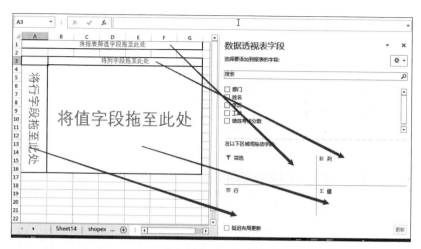

透视数据字段设置

"用鼠标拖动【部门】到行区域，拖动【姓名】到值区域。这时左侧的数据透视就变了，显示的是部门和部门的人员数量汇总。不用输入任何函数和公式，就实现了汇总。"

拖动字段到指定区域

"直接在【部门】和【姓名】前面的方框里打钩可以吗？"小雯问道。

"也可以，不过有时候字段会跑到错误的区域，你还是要用鼠标给拖过去。"老高取消了字段，然后在方框里打钩，果然【姓名】跑到行区域【部门】下面去了。

"如果你要统计不同学历的员工人数，只需要把【学历】字段拖到行区域里就行了。"老高取消【部门】前面的钩，把【学历】拖到行区域，左边表格立即变成了按【学历】统计人数的汇总表。

按学历统计汇总

"如果我要统计不同工龄的员工数量，只需要把【工龄】字段拖到行数据这里就行了？"小雯问道。

"对啊！就是这么简单！"老高冲小雯点点头，继续往下讲。"把【部门】拖到行区域，【绩效考核分数】拖到值区域，这时候透视表又变了，显示的是部门分数总和。"

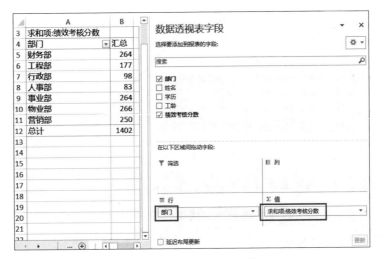

部门绩效考核分数汇总

"这里只能显示汇总值吗？如果我要计算部门的平均值该怎么办呢？"小雯又问道。

"别着急！"老高笑了笑，单击值区域【求和项：绩效考核分数】右边的黑色三角形弹出菜单，选择"值字段设置"。

值字段设置

"弹出【值字段设置】对话框，在【计算类型】选择【平均值】，单击【确定】。"

更改值字段计算类型

"透视表的值就从部门总分变成了部门平均分。"

平均值项:绩效考核分数	
部门	汇总
财务部	88.0
工程部	88.5
行政部	98.0
人事部	83.0
事业部	88.0
物业部	88.7
营销部	83.3
总计	87.63

绩效考核平均分

"在计算类型里还有很多其他类型，比如最大值、最小值以及其他一些数据分析中要用到的类型。这些都不需要输入函数公式，选择了对应的类型透视表会自行汇总。"

"这个厉害，函数都不用输入，就能汇总和计算，我喜欢！"小雯点着头说。

"看出透视表的厉害了吧？还没有完，以上是数值的统计汇总功能，我们继续看其他功能。"

3. 组合功能

"把【绩效考核分数】和【姓名】都拖到行区域，这时候透视表显示的是不同分数有哪些员工。"

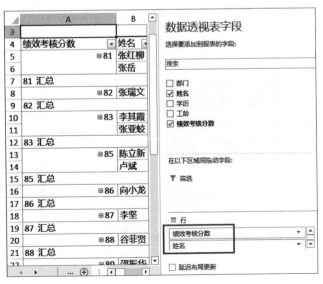

将绩效考核分数姓名拖到行区域

"右击任何一行的分数，在弹出菜单中选择【组合】。"

右键菜单中选择组合

"在【组合】窗口将步长改为5，点击【确定】。"

更改步长值

"这时候再看透视表，就变成按分数段显示了，不同的分数段的员工姓名会分别显示。"

绩效考核分数	姓名
⊟ 81-85	陈立新
	李其霞
	卢斌
	张红柳
	张瑞文
	张亚蛟
	张岳
81-85 汇总	
⊟ 86-90	谷菲贤
	李坚
	邵振华
	向小龙
86-90 汇总	
⊟ 91-95	崔思思
	马玉洁
	徐孟
91-95 汇总	
⊟ 96-100	黄鹏
	时海
96-100 汇总	
总计	

按分数段显示

"每个分数段下面都有一个【汇总】，表格看起来比较乱。如果不想显示这个汇总，可以右击任一汇总行，把【分类汇总'绩效考核分数'】前面的钩取消。"

右键菜单取消分类汇总显示

"你看，取消之后表格看起来就非常清晰了。"

绩效考核分数 ▼	姓名 ▼
⊟ 81-85	陈立新
	李其霞
	卢斌
	张红柳
	张瑞文
	张亚蛟
	张岳
⊟ 86-90	谷菲贤
	李坚
	邵振华
	向小龙
⊟ 91-95	崔思思
	马玉洁
	徐孟
⊟ 96-100	黄鹏
	时海
总计	

取消分类汇总显示后效果

"如果把【姓名】字段从行区域拖到值区域，这时透视表显示的是不同分数段下的员工数量汇总。"

姓名字段拖到值区域

"刚才输入的 5 就是分数段的划分间隔？"小雯问道。

"对！你想想，这个组合还能用在什么地方？"

"能不能对日期组合？"

"聪明！"老高点了点头，"日期可以用 7 天组合成一周，30 天组合成一个月，这样就可以按周和月还有年去汇总计算数据了。"

"那这样不是我的周报、月报都可以用透视表搞定了？"

看着小雯开心的样子，老高点了点头。

"我们再看看从其他不同的角度怎么去分析数据。"

4. 从不同的维度分析数据

"把部门拖到筛选区域，单击漏斗形状的筛选按钮，就会弹出筛选窗口。这时候单击各部门的名称就可以按部门进行分类汇总。"

按部门筛选

"那个【选择多项】是干什么的呢？"

"如果你要查看多个部门的汇总，就把这个选中，这样就可以选择多个部门了。"

"哦，这个汇报工作的时候用得上。"小雯点了点头。

"我们还可以通过组合多个字段，在同一张表里看到不同维度的数据。比如这张表，把【学历】拖到列区域，就可以在同一张表中看到不同部门不同学历的汇总数据了。"

部门	本科	大专	高中	硕士	总计
财务部	1	1		1	3
工程部		1	1		2
行政部	1				1
人事部	1				1
事业部	2	1			3
物业部	2	1			3
营销部	1	2			3
总计	8	6	1	1	16

多维度组合分析

"为了让你能明白操作过程，选的这个表比较简单，可能你感觉没有什么效率上的大幅提升，那些统计结果也能用函数手动给计算出来，但是如果遇到表里的数据量很大，字段很多，还需要从不同的角度进行汇总计算的时候，数据透视表的巨大优势就体现出来了。"

老高说着，又打开一个表格。

"比如这个电商网站的销售数据表，字段很多，数据量也很大，如果你用传统的函数公式来计算和分析，估计得花不少时间吧？还特别容易出错。如果用透视表来做数据分析就非常简单高效了。"

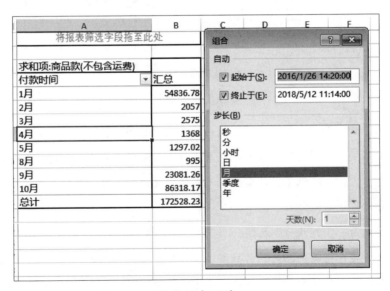

A	B	C	E	F	H	K	L	M	N	O
字订单编号	订单编号	所属商家	付款时间	商品标题	购买数	商品款(不包	运费	退款金额	佣金比	佣金
1601261432150002	1601261432140002	依衣服饰专卖店	2016/1/26 14:32	FOREVER21 小高领修身长袖针织连衣裙	1	149	0	0.000		0.000
1601261441460002	1601261441460002	依衣服饰专卖店	2016/1/26 14:41	ONLY冬装新品宽松圆领底摆开叉设计针织	1	299	12	0.000		0.000
1601261420380002	1601261420370002	Lenovo品牌专卖店	2016/1/26 14:20	联想(Lenovo)小新V4000 Bigger版游戏笔记	1	5399	18	0.000		0.000
1601261416330002	1601261416320002	Lenovo品牌专卖店	2016/1/26 16:18	美国网件(NETGEAR)R7000 AC1900M 双	1	999	0	0.000		0.000
1601261605090002	1601261605080002	依衣服饰专卖店	2016/1/26 16:05	Gap含羊毛清新雪花彩妆圆领毛衣 男装7	2	262.8	0	0.000		0.000
1601301844200001	1601301844200001	好吃佬零食专卖店	2016/1/30 18:44	索尼(SONY)U9 55英寸4K超高清 安卓5.0	1	5499	0	0.000		0.000
1601301844130001	1601301844130001	好吃佬零食专卖店	2016/1/30 18:44	魅族 魅蓝metal 32GB 蓝色	1	1199	0	0.000		0.000
1601301844150001	1601301844130001	飞越数码专卖店	2016/1/30 18:44	小米 Note 移动合约版 白色 移动4G手机	1	1739	0	0.000		0.000
1601291845470001	1601291845470001	奔腾运动专卖店	2016/1/29 18:45	亚瑟士ASICS跑步鞋 运动鞋 GEL-NOOSA 紫	1	750	0	0.000		0.000
1601291845430001	1601291845420001	飞越数码专卖店	2016/1/29 18:45	LG G4（H818）闪耀金 国际版 移动通双	1	2699	0	0.000		0.000
1601291844420001	1601291844420001	lenovo品牌专卖店	2016/1/29 18:44	微软(Microsoft) Lumia 640 LTE DS	1	899	0	0.000		0.000
1601291844440001	1601291844420001	lenovo品牌专卖店	2016/1/29 18:44	微软(Microsoft) Lumia 950 XL DS	1	5499	0	0.000		0.000
1601291844370001	1601291844360001	依衣服饰专卖店	2016/1/29 18:44	ONLY秋装新品厚实针织显瘦七分袖修身送	1	299	0	0.000		0.000
1601291844380001	1601291844360001	依衣服饰专卖店	2016/1/29 18:44	夏季新品欧美风圆领无袖A字网眼楼空雪	1	499	0	0.000		0.000
1601282004110001	1601282004100001	依衣服饰专卖店	2016/1/28 20:04	妩媚露背蝴蝶短袖连衣裙	1	100	0	0.000		0.000

销售数据表

"刚才你已经提到了，可以通过时间来对字段进行组合。这里我们就可以通过对【付款时间】这个字段进行组合，可以很快就统计出月度、季度和年度销售额。"

"哇，这个真的厉害，可以节省好多时间啊！"小雯又一次拍起了手。

"不过要注意的是，组合时间之前，要保证【付款时间】的单元格格式是正确的日期格式，如果不是就要用前面我们说过的方法进行转换。"

"嗯嗯，明白。"

按月组合汇总

"还可以用筛选功能，统计出每个商家的月度、年度销售额。"

筛选汇总商户月度销售

"把商家和销售额都拖到行区域，就可以查看不同时间周期的销售环比、同比或者进行其他数据分析。"

不同商家的月度销售额

"还可以横向对比每季度不同商家的销售金额。"

求和项:商品	所属商家				
付款时间	依衣服饰专卖店	米平食品专营店	好吃佬零食专卖店	飞越数码专卖店	奔腾运动专卖店
第一季	12974.78	100	18630	7137	4188
第二季	269		973.02		
第三季	16882		447.26		750
第四季	62316.9		14441.07		7825
总计	92442.68	100	34491.35	7137	12763

每季度各商家销售对比

“感觉有好多种组合啊！”

“是啊！一表变多表，表表都不同。同样的数据不同的视角和维度可以有无数种组合，就看你怎么玩了。”

5. 切片器

“除了上面这些功能玩法，透视表还有一个更牛的功能，就是切片器。”

“切片器？听起来有点高大上的感觉，和外科手术有关吗？”小雯问道。

老高笑了笑，继续往下讲，“回到之前这个例子，插入透视表之后，先选择好各个不同的字段，然后鼠标在透视表对应的列上点右键，弹出菜单取消选中【分类汇总姓名】前面的钩。”

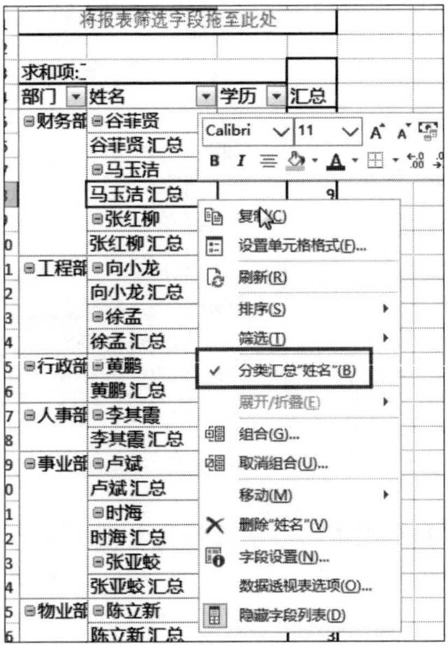

取消分类汇总姓名

"鼠标选中透视表内任一单元格，然后在【插入】选项卡选择【切片器】，然后选中【部门】字段。要说明一下，这是 Office 2010 以后才有的功能，老版软件里面没有这个功能。"

插入切片器

"这时候会发现多了一个窗口，显示有各个部门的标签，上方还有两个按钮。先试着单击不同的部门，这时你会发现右边的透视表会随着你的单击进行变化。"

部门	(全部)	
求和项:工龄		
姓名	学历	汇总
⊞陈立新	本科	3
⊞崔思思	本科	2
⊞谷菲贤	硕士	1
⊞黄鹏	本科	2
⊞李坚	大专	1
⊞李其霞	本科	8
⊞卢斌	本科	3
⊞马玉洁	大专	9
⊞邵振华	大专	2
⊞时海	大专	1
⊞向小龙	高中	
⊞徐孟	大专	8
⊞张红柳	本科	6
⊞张瑞文	大专	4
⊞张亚蛟	本科	5
⊞张岳	本科	6
总计		63

部门：财务部、工程部、行政部、人事部、事业部、物业部、营销部

切片器选择所有部门

"如果你单击切片器的各个部门，表里面的内容也变成了部门内的员工信息。你的透视表摇身一变，成了一个小型的数据库，数据会随着切片器进行动态的变化。图中①为多选按钮，单击它之后，再进行选择，可以选择一个以上的部门。图中②为清除按钮，可以清除所有的选择回到初始状态。"

切片器选择单个部门

"你还可以插入多个切片器，进行交叉筛选。比如筛选出事业部里、本科学历的员工，点两下就行了。实在是太方便了！"

切片器选择事业部本科学历的员工

"遇到数据量大、字段多的，例如前面的电商销售透视表，插入几个切片器，动态地查看数据，想怎么看就怎么看。"

"没想到透视表是这么玩的，用鼠标单击几下就变出各种表，还能动态查看数据，真是优秀！"

"设想一下这个场景，在工作汇报会上，其他同事展示的都是事先计算好的静态数据，而你的汇报除了能展示静态数据外，还能从不同的角度不同的组合来动态展示数据，领导是不是会对你刮目相看？"老高笑着说。

"嗯，今天你讲得有点多，虽然看你讲得简单，但是也要花时间好好试试。相信我，一定能让领导刮目相看。"小雯说着握紧拳头做了个加油的手势。

以上这些例子都很简单，但足以说明问题，数据透视表更多复杂的用法无非是这些基本概念的不同组合。限于篇幅，这里不可能把所有的用法都罗列出来。数据透视表的强大就在于基本玩法简单，但却有无数种可能性。之所以用这么简单的数据来做例子，也是为了不让新手觉得难懂，从而放弃这么一个高价值的功能。实际上掌握了数据透视表，可以做出非常专业的表格。

数据透视表可以提供很多不同的角度为我们分析数据。横向、纵向，不同时间周期的组合，多种字段组合的叠加，筛选、排序，设置各种条件，可以满足大部分对于数据分析的需求。对于想"偷懒"的"表哥""表妹"，数据透视表真是一个利器，八成以上的表格数据汇总计算工作，都能够用数据透视表轻松实现。如果说样式和自动编号是 Word 最具"性价比"的功能，那数据透视表无疑是 Excel 最具"性价比"的功能。

6. Excel 的学习路径

兴趣是最好的老师，偷懒是最大的动力。学好 Excel 可以通过自带的帮助教程、专业书籍、网络论坛、搜索引擎等方式。具体可分 3 个阶段：

➤ 一阶段

● Excel 基础知识点（功能区命令 / 输入文本类型 / 时间本质 / 选择性粘贴）

● 工作表的操作（命名 / 添加 / 复制 / 隐藏 / 删除）

● 行、列基本操作（选中 / 删除 / 隐藏 / 调整间距）

● 单元格的基础操作（输入 / 选中 / 合并 / 单元格格式设置 / 批注）

● 打印的基本操作（打印设置 / 输出 PDF 格式 / 页面设置）

● 熟悉各个命令的位置并掌握基础操作（筛选 / 冻结 / 排序）

● 掌握一些最常用的快捷键

● 单元格引用：相对引用、绝对引用

● 选择性粘贴：格式刷、粘贴值、转置

● 区域选择：Ctrl+ 方向，Ctrl+Shift+ 方向

● 快捷键操作：如 F2+ Ctrl+Enter 编辑填充，F4 引用方式、重复操作，F5
单元格格式

● 数字格式、条件格式

➤ 二阶段：

● 数据的规范化处理

● 基础函数的使用和错误检查

● 根据现有数据进行图表制作

● 数据透视表的生成与运用

➤ 三阶段：

● 解决工作中遇到的各种实际问题

● 根据不同的场景，综合运用已学到的知识进行数据分析

2.8　从 0 到 1 的 PPT 制作全过程

一位商业地产龙头企业的高管，年薪过百万元，有人说他把 PPT 做得"美轮美奂"，从而征服了他的老板。还有一位知名互联网企业高级总监，因为在公众演讲时 PPT 做得太烂而被迫离职。

登山家乔治·马洛里说过："山就在那里。"有志于"会当凌绝顶，一览众山小"的职场人，PPT 这座山登还是不登？

答案不言而喻，PPT 不仅是职场人的必备技能，也是树立职场形象的重要工具，甚至可能对个人职业生涯产生深远的影响。

职场中 PPT 的用途，细分起来有营销策划、市场分析、活动方案、项目总结、培训课件等不一而足。无论什么用途，一份优秀的 PPT 所要具备的特征以及制作过程中需要遵循的基本原则都是相通的。简单地说就是通过组合图片、文字、形状、颜色等元素，用清晰的逻辑结构，将观点和事实进行一个视觉化的呈现。

接下来我们就分别从 PPT 的制作过程、排版技巧、资源积累、成长学习等几个方面，为大家指一条攀登 PPT 这座山峰的正确道路。

1. 明确对象和主题

小长假期间，老高作为公司的中层管理人员，跟往常一样，被安排在公司值班，小雯这次也碰巧被安排轮值，于是和老高约好了，趁着小长假值班，事情不多，公司人也少，让老高好好教一教她 PPT 的制作。

老高巡完场回到办公室，看见小雯已经冲上了两杯热气腾腾的咖啡，等着老高开始讲课。

"今天学习怎么这么积极？"老高笑着说。

"唉，还不是被领导批评了，说要我抽时间多学学 PPT。"小雯不好意思地笑了笑。

老高喝了口咖啡，问道："平时你是怎么做 PPT 的？"

"你别笑话我啊！我都是先上网搜模板，搜到了好看的模板就下载下来，再慢慢往里面填字和图片，再加上一些数据什么的。"

"嗯，一般都是这样应付的。"老高点点头，"不过要想超过普通人，做出一份拿得出手的 PPT，还真得从头开始。首先，这个顺序就不对。做 PPT 之前，要先把准备工作做好。"

"什么准备工作？"

"首先，你得搞清楚几个问题。这个 PPT 是做给谁看的，观众是谁；主题是什么，要讲清楚什么问题。"

"哦，让我想想。我做过的 PPT，有给领导看的工作汇报，有给客户看的项目介绍。嗯，还有给合作商户看的活动方案。"

"你看，对象不同，主题不同，PPT 做起来也各不一样。给领导看的 PPT，是要总结你在工作中取得的成绩，告诉领导你是个优秀员工；给客户看的是项目有很多优点，能给他带来利益，说服客户和你合作；而给合作商户看的活动方案，是分解后的行动步骤，必须让商户清楚明白下一步的行动。"

"这些都知道，不过做的时候就没有想那么多，只想快点做好完工。"

"这两个问题非常重要，只有明白了对象和内容，才能从观众的视角去考虑，什么样的内容有吸引力。"

2. 搭建逻辑框架

"接下来就是确定 PPT 的逻辑框架。"

"什么是逻辑框架？"小雯问道。

"就是要确定表达上的逻辑关系，有很多类型，比较常见的有顺序表达和总分关系。"

"那要怎么选择表达上的逻辑关系呢？"

"要根据内容之间的联系，比如说项目介绍，一般来说是先提出问题，再给出解决问题的选项，然后逐一分析，层层递进，最后给出结论和解决方案，这就是一种顺序表达。"

"你这说得有点像名侦探办案。"小雯笑着说。

老高点点头，"有因果关系推进的顺序表达最容易让人理解。我们再来看总分关系，比如做复盘报告，包括人员组织、方案执行、销售汇总、预算支出以及问题总结各个板块，彼此之间是并列关系，最后得到一个总的结论，这就是总分关系。"

"有点像你跟我讲过的金字塔原理。"

"其实 PPT 如果想把道理讲得清晰明白，逻辑结构非常关键。有些 PPT 堆砌了各种图片、动画，非常炫酷，但看完却搞不懂作者是要阐明一个道理，还是要提高自己的 PPT 制作能力。"

"嗯，其实不光是做 PPT，我发现说话也是一样。有些人讲话讲了半天也没有重点，不知道想表达什么。而有些人可能话不多，但句句点题，说到人心里，这可能也是有逻辑和没逻辑的区别。"

"说得很对！"老高点了点头，"之前跟你介绍过的思维导图就是个非常有用的工具，可以帮助你梳理思路，确定正确的逻辑框架。如果你开始并不确定自己的表达逻辑,那么用思维导图梳理出来马上就会一目了然。"

"哦,怪不得我看你经常对着思维导图做 PPT 呢!"

"对,有了逻辑框架,你就会知道需要补充哪些文字和图片资料,哪些数据和表格,填充到这个框架中。这样一份有事实有观点、有理论有论据,主次分明、结构清晰的 PPT 就很容易完成了。"

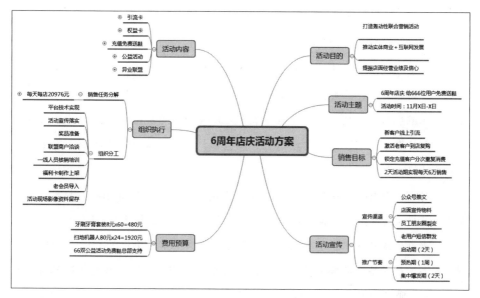

用思维导图搭建框架

3. 扩充文字内容

"用思维导图搭建好框架之后,是不是就可以开始制作了?"小雯问道。

"刚刚不是说了,有了框架还要填充内容。这个阶段先不要考虑图片图表,在 Word 里面完成文字稿的内容。"

"还要在 Word 里写出文字?那不是和写文章一样了?"

"PPT 的文字稿和普通写作还是有区别的,首先文字要精炼、简单明了、直达主题,没有人喜欢在投影仪上逐字阅读大篇的文字;其次要有新意并且有趣,能够一下抓住观众的兴奋点;第三个要点是抓住关键词,让读者理解起来更容易。"

"嗯,这几点深表认同。文字密集的 PPT 看一眼就困了,也不知道作者想表达什么。那种内容风趣幽默的，大家都愿意听下去。至于关键词，估计大多数人听完，能记住的也就是几个关键词。如果关键词没有提炼好，那这个 PPT 就是失败的。"

"嗯，理解得不错，还要注意一点，就是学会用举例的方法来帮助说明。好的例子，会让读者和听众瞬间理解你的观点。如果需要数据和图片帮助说明，可以在文字稿里做出标记，制作排版时，再去补充相关资料。"

4. 复制文字到对应页面

"好了，现在可以开始做了，一份 PPT 由哪几部分组成？"老高问道。

"有封面页、目录页、过渡页、内容页还有结束页。"小雯回答道。

"正确！好了，现在可以把在 Word 里面做好的文字内容复制到对应的页面了。这个时候要注意，先不要在意图片、色彩、字体、排版这些细节，不然会浪费很多时间。"

"对啊！对啊！"小雯使劲点着头，"我就是，一个封面页做了半天，总是不满意，改来改去，一小时过去了，回头一看，其他什么都没做。"

"画画的时候是不是要先用铅笔勾出大致轮廓，再慢慢去修改比例对应关系，最后再去调整明暗、色彩？如果一开始就纠结某个局部细节，那就会严重影响到整部作品的布局以及完成效率。"

"先不管细节，把文字直接复制到对应页面，确实是个好办法，记下来了。"

"这一步做完了，你会得到一份底版全是空白页，只有文字的 PPT。"

5. 确定整体风格

"明白了。那现在是不是就可以开始做 PPT 了？"小雯问道。

"别着急！还得考虑 PPT 的整体风格。同样是教学课件，如果是小学老师做的，可能就要活泼生动；如果是大学老师的课件，就要严谨有学术范。"

"这个我熟！常年混迹于各大模板网站，风格我最熟！比如说什么欧美风、杂志风、中国风、手绘风、扁平风、简约风、微立体风、IOS 风！"小雯噼里啪啦说了一大堆。

各种风格的模板

老高笑着说："口才不错，可以去报菜名了。既然你这么熟，那我就不啰唆了，不过要注意的是，风格选不对，一切都白费！"

"我一般都是看颜值，哪个风格的好看顺眼就选哪个。"

"那可不能随便选，比如你介绍的是高科技互联网项目，就不能任性选个中国风；如果年终总结大会上做汇报，选择手绘风格也不够严肃。"

"嗯，有一次选了个自己觉得高大上的欧美风的模板，结果被打回来重做，说太花哨。后来改成了简约风才通过。"

老高笑了笑，"选择模板也好，自己动手做也好，确定风格包括选择页面的背景、字体以及色彩搭配。如果是给企业做 PPT，要分析企业所在的行业背景，颜色可以从企业 LOGO 里取色。平时多看看网上的优秀作品，看得多了，就知道什么样的类型应该采用什么样的风格了。"

"我也发现了，比如说蓝色就是商业用得多，红色是政企用得多，中国风喜欢比较清新的色彩。还有字体，各种不同的风格也有固定搭配。"

"确实如此，有关字体和配色的问题，我们再来详细讨论，现在我们继续下一步。"

6. 优化版面调整细节

"PPT 由哪些元素组成？"老高问道。

"有图片、文字、图表、表格和动画，有的还有音频和视频。"小雯答道。

"总结得不错，除了以上这些，还有形状和线条。通过这些元素的排列组合，就完成了对文字的视觉化转换。你觉得 PPT 排版最重要的原则是什么？"

"既然是视觉化的产品，我觉得好看最重要！"小雯很肯定地说。

"不错，但是好看太感性了。不过，不同的人对好看有不同的理解。有的人认为好看就是五颜六色，有的人觉得好看就是把页面撑满，有的人喜欢动画飞来飞去。"

"那有什么大家都比较认可的标准呢？"小雯问道。

老高没有回答，反问道，"你有没有看过那些大品牌产品发布会上的 PPT？"

"看过，挺高大上的。"小雯点点头。

"你有没有总结过这些 PPT 的特点？"老高继续问道。

小雯想了想，"嗯，首先是文字特别少，喜欢用数字，喜欢用和产品相关的高清大图，有些还有比较酷的动画效果。"

"总结得不错，其实对新人来说，做好 PPT 从最重要的原则就是简洁和留白。一页 PPT 一般只传达几个重点的关键信息，信息太多会失去焦点，分散观众的注意力。在版面设计上要注意的是平衡，无论是上下、左右、还是对角线结构，都要注意图片、字体和其他元素的平衡，疏密得当。"

"你这么一说，感觉确实如此啊！那些给人感觉高大上的 PPT，好像都是遵循了简洁和留白的原则，有点像国画中的意境。"

7. 把握设计四大原则

"在《写给大家看的设计书里》，作者罗宾·威廉姆斯提到了设计四大原则，亲密、对齐、重复、对比，被所有设计人奉为圭臬。"

"可能光说没有概念，我这里有几个例子，你一看就明白这四条原则的重要性了。"老高调出图片，"亲密性，是指有关联的内容要放在一起。"

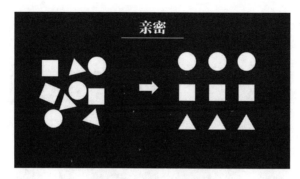

设计四大原则之亲密性

"对齐我知道，就是不同的元素之间要整齐划一！"小雯说。

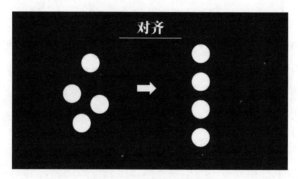

设计四大原则之对齐

老高笑着说，"不错，都学会抢答了，那下面这个呢？"

"重复，应该是指某个特征要在整个作品中重复。"

"嗯，是这个意思，比如颜色、某个形状等，这样容易打造出统一的风格。"

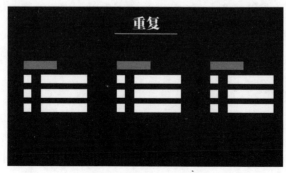

设计四大原则之重复

老高翻到最后一张图，"对比就更容易理解了，对比就是元素之间产生的差异化，比如大小、颜色、字体元素等。"

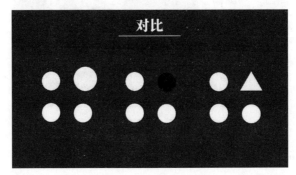

设计四大原则之对比

"好了，PPT 制作的全过程以及要遵循的原则都讲完了，按照这个步骤来，至少可以交出一份合格的 PPT 作品了。"

"合格要求太低了吧？如果要做出优秀的作品呢？"小雯问道。

"嗯，有志气！接下来我们就一个个来搞定图片、文字、形状、色彩这些元素的排版技巧了。"

很多人做 PPT 都和故事中的小雯一样，接到任务之后，第一时间就去网上搜索模板。千挑万选找到模板之后，再绞尽脑汁，把自己的内容给硬塞进模板。看起来是省了时间，实际上却是一种本末倒置、削足适履的做法。就像高档西服肯定是量身定制一样，流水线上的产品无法体现个性的需求。

如果不是为了应付交差，而是真正想通过 PPT 准确传达观点，让领导认可，让客户认同，那么就请按照上面介绍的步骤来完成。步骤熟练之后，就会发现不需要模板也能快速做出非常优质的 PPT 作品。

下面我们在介绍排版设计技巧的同时，也会介绍如何从模板中借鉴，如何让模板为我所用的正确方法。

2.9 成为高手的 PPT 必修课

组成 PPT 的有文字、图片、色彩、图表、动画等元素，这些元素彼此相对独立但是又相互配合，形成一个和谐有机的整体。处理不同的元素有着不同的技巧和需要遵循的原则，正确运用这些技巧，严格遵守这些原则，就能瞬间提升作品的档次。

下面通过一些操作实例，我们来看看有操作技巧、工具实用以及排版要遵循的原则。

1. 处理文字

（1）调整段落和对齐

"刚才调整文字的时候，我看你点了个什么工具就对齐了，我以前都是用鼠标拖的。"小雯问道。

"千万别相信自己的肉眼，而用鼠标拖动来对齐。选中你要对齐的目标，然后在 PPT 的【格式】标签里找到【对齐】工具。这个工具提供了很多种方式，每种对齐方式的前面都有个小图标，一看就能明白，用这个工具对齐既方便又快捷。"

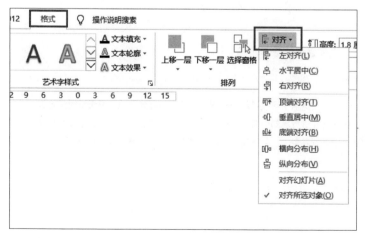

对齐工具

"我看你刚才还画了一条线。"

"嗯，有时候对齐工具也不能满足需求时，还可以用辅助线、表格、标尺等方法来对齐。"

"还有【段落】工具也很重要。如果间距太小，大量的文字挤在一起，会显得没有重点。【开始】选项卡的【段落】栏，我们可以很方便地调整字间距、行间距、缩进，还可以添加项目编号，让结构更加清晰明了。"

段落工具

（2）精简文字提炼重点

老高调出一页PPT，满屏都是文字。"你看这页PPT，感觉像是从Word里面直接把文字复制粘贴过来了，全是大段的文字。"

"是啊！偷懒嘛！"小雯不好意思地笑了笑，"我也经常干这种事，不过也确实不会PPT的文字排版。"

"我们先来看看一大段文字如何处理，等你明白了，回头改起来了就快了。"

"首先当然是统一字体，换成辨识度更高适合PPT阅读的字体，这里我用的是黑体。"

文件管理方法与步骤

　　在收集篮（可以是电脑桌面）随手存放各种文档，每天定时对收集篮中的文件进行重新命名，清理无用文件，根据文件内容设置不同的文件夹，存储并跟踪管理。每周回顾一次，对不合理的文档存放进行重新调整。

PPT中的大段文字

"然后是提炼出重点文字，做成小标题，调整字体大小，突出显示。"

"嗯，这样看起来确实是清晰多了。"小雯点点头。

> **文件管理方法与步骤**
>
> **收集**
> 文件临时存放在收集篮中（临时文件夹或者桌面）
> **处理**
> 定时处理收集篮中的文件，进行命名并删除垃圾
> **管理**
> 根据文件内容设置不同的文件夹存储并跟踪管理
> **回顾**
> 每周回顾，对不合理的文档存放进行重新调整

文件管理方法与步骤

（3）添加线框和图标

"如果觉得纯文字有些单调，可以添加矩形框把文字放在里面，然后再增加几个与文字相对应的图标。"

"这些图标在哪里去找？"

"搜索引擎是个好东西，搜一下'图标素材'，会出来很多结果，觉得好的网址加到浏览器收藏夹里，下次做 PPT 的时候就可以直接调用了，后面我会专门告诉到哪里去找这些资源。"

老高打开图标素材网站，在里面挑了几个图标复制到 PPT 里。

"图标下面加上圆形色块，整个页面的效果就呈现出来了。"

添加框线和图标

"现在和修改前的一大段文字对比，有什么不一样？"

"感觉重点更突出了，步骤更清晰了，可读性也大大提高了！"小雯答道。

"稍微改变一下，效果又不一样。把图标和标题颜色改成红色，然后用线条分割标题和文本。"

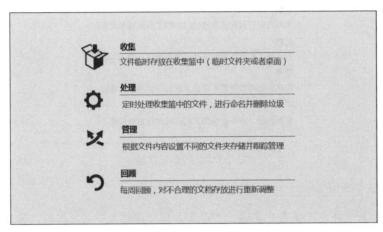

改变图标颜色线条分割文本

"这种排版也好看，还有没有？"小雯问道。

"你掌握了基本原则，可以有无数种排版的方法。如果一时找不到合适的图标，把数字标号放大，同样也美观大方。"

数字放大代替图标

"PPT 通常用来展示、演讲，需要一下抓住观众的眼球。很少有人会有耐心阅读大段文字的。除了用标题提炼出文字中的关键点，还有哪些方法可以把关键信息的给凸显出来？"老高问道。

"不知道。"小雯摇了摇头。

"你还可以试着用这几种方法来凸显重点，给加粗字体、加大字号、改变颜色和添加底色。"

"哦，我在你的 PPT 里看到过，有些报告里的关键数字用的就是这几种方法。"

凸显重点文字的方法有**加粗**，加大字号，改变颜色，添加底色

凸显重点文字的方法有加粗，加大字号，改变颜色，添加底色

凸显重点文字的方法有加粗，加大字号，改变颜色，添加底色

凸显重点文字的方法有加粗，加大字号，改变颜色，添加底色

凸显文字的方法

（4）选择合适字体

"还记得我们之前提到过'衬线字体'这个概念吗？当时没有时间细讲。"

"嗯，讲过。"

"衬线字体就是在字的笔画开始、结束的地方有额外的装饰，而且笔画的粗细会有所不同。下面这两个英文字体，左边的就是非衬线字体，右边的就是衬线字体，区别一眼就能看出来。这是英文字体，我们再来看看中文字体。"

ABC   ABC

"宋体字就是典型的衬线字体，每一笔画的开始和结束粗细都不同，有额外的装饰。书籍文章正文多采用宋体这种衬线字体，标题则采用非衬线的黑体。因为非衬线字体的辨识度更高，更容易带来视觉冲击。"

宋体　　　黑体

在传统的正文印刷中，尤其是在大段落的文章中，衬线增加了阅读时对字母的视觉参照。而无衬线体往往被用在标题、较短的文字段落或者一些通俗读物中。随着现代生活和流行趋势的变化，如今的人们越来越喜欢用无衬线体，因为他们看上去"更干净"。	在传统的正文印刷中，尤其是在大段落的文章中，衬线增加了阅读时对字母的视觉参照。而无衬线体往往被用在标题、较短的文字段落或者一些通俗读物中。随着现代生活和流行趋势的变化，如今的人们越来越喜欢用无衬线体，因为他们看上去"更干净"。

两种字体的对比

"考虑到 PPT 的展现方式，投影仪的亮度，会场的灯光，观众观看的距离等等因素，除非有特殊需求，建议多采用非衬线字体。如果不想浪费太多的时间在选择字体上，比较保险的是黑体、微软雅黑、思源黑体，一般不会错到哪儿去。"

"嗯嗯，明白。"

"需要注意，一页里面的字体种类最好不要超过 3 种，前面也说过，太多不同的字体容易分散注意力。"

"还有一个问题也要注意，就是字体的版权问题。个人学习使用没太大关系，但是如果是商用，很多字体都是需要付费使用的。比如微软雅黑字体的版权是属于方正公司的，必须付费获得授权才能商用。"

"不会吧？微软雅黑都不能免费用？"

"好在还有不少优秀的免费商用字体可以选择，后面我会专门给你讲讲如何收集包括字体在内的各种资源。"

（5）嵌入字体保证输入效果

"有时候我在电脑上做好了 PPT，复制到会议室或者别人笔记本电脑上时，发现字体变得完全不一样了，这是怎么回事？"小雯问道。

"这是因为演示用的电脑上没有安装需要的字体，解决方法就是将字体嵌入到 PPT 中去。在【文件】菜单中找到【保存】，选中【将字体嵌入文件】。这样无论你的 PPT 复制到哪里字体都不会缺失了。"

字体嵌入

（6）特效字让作品灵动起来

"等到你的基础操作已经熟练掌握，现成的字体无法满足要求，想要继续提升作品的层次时，就可以自己来制作各种特效字体了，比如说这几种文字。"老高说着调出几幅文字特效图片。

渐隐字

镂空字

拼接字

虚化文字

"感觉好炫酷啊！快教教我怎么做的！"小雯迫不及待地说。

老高笑了笑，"渐隐字可以通过参数调节来实现，其他几种字体，要先掌握形状的用法才能完成，只要你想学，好看好玩的特效字多得很。"

2. 形状设计

"你刚刚说的形状设计，就是【插入】标签里的那个【形状】？"小雯问道。

"对啊，在【开始】标签的【绘图】里也有，里面集合了 PPT 提供的几十个基本形状。"

"虽然有几十个，但是也感觉不够用啊！"

"如果你只会插入这些基本形状，当然不够用，但是只要掌握了布尔运算和顶点编辑，那就可以直接用形状画画了。"

（1）形状合并 / 布尔运算

"什么叫布尔运算？"小雯问道。

"就是【格式】标签里面【合并形状】，一共有 5 种运算方法，通过这几种方法可以组合出各式各样的形状。"

"这几种运算当中，有几个从名字来看，不是很好理解它们的区别。"

"我做了一个图，你看一看，自己再动手试试就知道区别了，"老高调出一幅图。

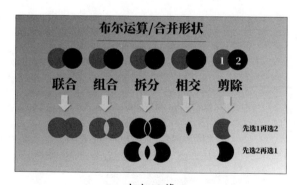

布尔运算

"嗯，这样一看确实比较好理解了，那顶点编辑又是什么呢？"小雯问道。

（2）顶点编辑

"每个形状都有几个顶点，当你选中这个形状，在右键菜单中就会有一个【编辑顶点】的选项。用鼠标单击一个顶点后,这个顶点左右就会出现两根有两个白色方框控制点的线条。拖动这两个白色方框就能改变这个顶点两端线条的曲度。通过控制点来调整顶点两端曲线的方法有两种,一种是沿着曲线方向拖动控制点,一种是与线条垂直的两个方向,拖动控制点。"老高详细介绍说。

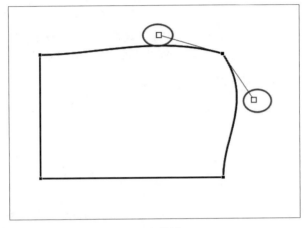

顶点控制柄

"根据这两种方法调整的效果来区分,顶点有三种类型:平滑顶点、角部顶点、直线顶点。"

"这三种类型有什么区别呢?"小雯问道。

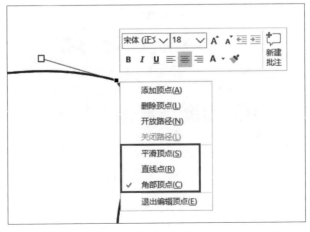

顶点的类型

"如果把顶点设成平滑顶点，那么拖动一个控制点的时候，另外一端的控制点将会对称变化。如果把顶点设为直线点，当沿着线条方向拖动一个控制点的时候，另一个不会受影响；当垂直于线条方向拖动时，另一个控制点会受到影响。如果你把顶点设为角部顶点，那么你拖动其中一个控制点的时候，另外一个完全不受影响。"

"如果要添加和删除顶点怎么操作呢？"小雯问道。

"添加顶点的时候，按住 Ctrl 键的同时用鼠标左键单击路径；需要删除已有顶点的时候，也是按住 Ctrl 键的同时，移动鼠标到顶点位置。这时鼠标指针会变成一个类似'×'的形状，单击一下，就可以删除这个顶点了。"

"看着你做还挺简单的，不过我要自己试试才能明白。"小雯说。

"嗯，先明白概念再自己动手尝试就会很快掌握。经过训练掌握了合并形状还有顶点编辑，再加上任意多边形，基本上想画什么就能画什么，没有什么能难倒你！"

"讲了这么多形状，那形状到底有什么用呢？"小雯又问道。

"你算是问对了，形状在 PPT 里面用处太大了，下面我们就来看看有哪些用处。"

（3）划分页面

老高调出一页 PPT，问道，"比如说这一页 PPT，你感觉有什么问题？"

"没有什么太大的问题，就是感觉纯文字，稍微有点单调。"

无形状封面

　　老高点点头，在页面上插入一个圆形，然后用合并形状进行了剪切，调整了颜色和对齐，然后转头问小雯："现在感觉呢？"

　　"嗯，现在看起来舒服多了！加的这个圆形给人一个聚焦的感觉，画面就没有那么单调了。"

形状划分页面

　　"对！这就是形状的第一个作用，可以用来划分页面，聚焦内容，获得平衡，类似的例子还有很多。比如上下结构的页面。"

上下分割型封面

　　"到模板网站上看看别人做的页面，就会发现很多运用的例子，这里就不再多说了，下面我们看看对齐。"

（4）对齐内容

"这个页面虽然我们把文字内容都做了对齐，但是因为彼此有一定的距离，所以不太明显。"

纯文字页面

"插入矩形框，填充设为无，就成了一个框线，放在文字下面，就会引导视线去对齐文字内容，人的大脑最喜欢对称整齐的图案。"

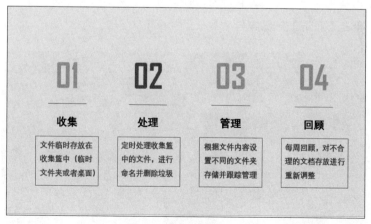

形状辅助对齐

"嗯，也可平衡一下页面的空间。"

（5）增加空间感

"说到空间，形状还有一个功能，就是能增加空间感。"

"增加空间感？"小雯问道。

"是啊！"老高调出一组图片，"你看这些图片都只是加了一些形状、线条和文字，空间层次感就出来了，那些文字也可以看成是特定的形状。"

形状文字创造空间感的海报

"真的啊！那这些可以用在 PPT 设计中吗？"

"当然，很多高手都会用这种方法，增加空间层次。"

"那具体应该怎么实现呢？"小雯问道。

"我们来看一下操作步骤，插入一张抠除背景的人物图片，设置背景颜色，录入文字。选中文字，复制一份出来。在人物右手部绘制一个矩形框。先选择上面的文字图层再选择矩形框，请注意选择的顺序，然后选择【格式】菜单里【合并形状】中的【相交】，就得到一个'文字碎片'。"

文字和矩形相交得到文字碎片

　　"在人物的腿部用同样的方法，也得到一个'文字碎片'，把它们放到最顶层，和下面的文字对齐，效果就出来了。"

　　"哦，原来就这么简单啊！我还以为要用 Photoshop 来做呢！"

　　"待会跟你讲讲 PPT 里图片处理的功能，你就会发现有一些效果不需要 Photoshop 在 PPT 里就能搞定。"

形状和文字实现穿插打造空间感

　　"还能不能再举几个操作的例子？"小雯问道。

　　"例子很多，不过重要的不是例子本身，也不是技巧，而是思路。其实基本思路无非通过形状、文字和图片的堆叠、错位，营造出一种视觉上的空间感。明白了思路，你可以举一反三，可以触类旁通，还可以创新出自己的作品。"

　　小雯点点头，"嗯，明白了，思路比技巧更重要！不能止步于技巧，还要总结作品的思路。"

　　（6）图片容器

　　"除了和图片文字结合以外，形状还可以作为图片的容器。"

　　"图片的容器是什么意思？"小雯问道。

　　老高调出几页 PPT，"图片无论比例大小，在网上搜到的通常都是矩形，但是满足不了我们设计的各种需求，这就需要用形状来对图片进行'塑形'。"

用形状作为图片容器

"我明白了，用图片和形状通过【合并形状】里的各种算法，就能够把图片变成各种形状，所以说形状是图片的容器。"

"嗯，总结得很正确。下面我们再来看形状的另外一种用途蒙版。"

（7）用作蒙版

"PPT大量运用图片来表现内容，但是图片色彩多，很容易对文字内容进行干扰，分散注意力。最好的解决方案就是在图片和文字之间添加一个蒙版，利用对蒙版的透明度、色彩、清晰度的调整，来淡化这种影响，以达到既能用图片烘托气氛，又不干扰文字内容的效果。比如这个全图形的封面，图片色彩和文字太相近，文字几乎都看不见了。"

图片对文字造成干扰

"我知道了，插入一个与图片大小一样的矩形，黑色填充，然后调整一下透明度，放到图片和文字中间，就好了。"小雯说道。

添加蒙版衬托文字

"嗯，就是这样。蒙版不透明时就是色块，色块和半透明蒙版搭配在一起，可以构建出一种时尚的感觉。"

半透明蒙版

"让我想想，这应该是先用矩形和文字进行布尔运算，然后再设置透明度就得到了这种效果，和前面的镂空字是一样的做法。"

老高点点头，"不错！PPT 里的形状用法千变万化，只要思路对了，就会发现很多技巧不过是稍微做了个变通，换了个角度，就能做出有新意思的东西，下面我们来看看图片。"

3. 图片调整

（1）图片裁剪

"插入图片后右击，弹出菜单中选择【裁剪】，拖动鼠标就能裁剪图片大小，不过这种只能裁剪出矩形。另外在【格式】标签中提供了一个【剪裁为形状】的功能，可以按照系统提供的基本形状进行裁剪。"

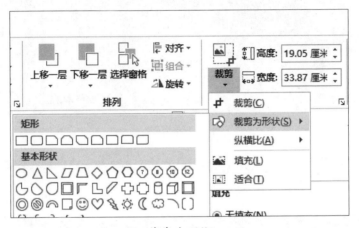

剪裁为形状

小雯拿起鼠标试了一下，"感觉这种方法不是太好，完全不能控制裁剪的大小和部位。"

"是啊！所以还是建议用形状和图片布尔运算的方法来对图片进行裁剪，还记得形状是图片的什么吗？"

小雯点点头。"记得！是容器！把容器的形状做好了，图片想是什么形状就是什么形状！"

（2）去除背景

"之前我们说过有些简单的操作不用打开 Photoshop，在 PPT 里就能搞定，比如说抠图。"

"PPT 里还能抠图？我每次都是用 Photoshop 抠的。"

老高打开一张图片，插入页面。

"选中图片，在【格式】标签里单击【删除背景】工具。有两种标志，一个是加号，用来标记要保留的区域。一个是减号，用来标记要删除的区域。如果标错了，就单击【删除标记】。全部标完了之后，单击【保留更改】就完成了。"

用删除背景工具去掉背景

"这还挺方便的，免得做 PPT 的时候又要打开 Photoshop，内存如果不够，电脑就会很卡。"

"嗯，一般背景不是很复杂的图片，就可以直接用这个工具删除背景。不过有些背景特别复杂的图片，还是先在 Photoshop 里处理好了，再拿过来用，以免影响效果。"

（3）效果调整

"那 PPT 能不能像 Photoshop 里面一样调整各种参数，还有滤镜效果呢？"

"PPT 毕竟不是专用的图片处理工具，不过也提供了一些快捷的方法来调整。在【格式】标签里，除了刚才提到的【删除背景】，还有【校正】【颜色】【艺术效果】三种工具来对图片进行调整。每种工具都提供了几十种内置的效果，直接选取就能更改图片的效果。"

图片格式工具栏

"如果这些还不能满足需求，可以右键单击图片，在【设置图片格式】中进行参数的精确调整。"

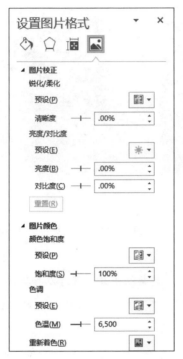

设置图片格式

"虽然和 Photoshop 不能比，一般情况下的图片调整，也基本够用了。"小雯点点头。

（4）样式设置

"除了图片格式，图片样式的设置也是要掌握的基本功能。选中图片后，我们可以在【格式标签】里看到这个工具组。左边是系统内置的各种样式，直接选择就能马上应用到图片上。右边三个带下拉箭头的工具按钮，单击后可以进行精确设置。我个人一般情况下会直接用系统自带的图片样式，简单直接，节省时间。"

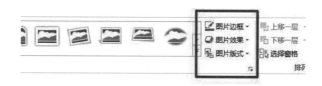

图片格式工具组

图片样式

"嗯，先用自带样式，达不到效果的时候再花时间去调。"

"我们把图片的基本设置说完了，其实图片的设计和排版学问非常深，不可能在短期内就能让自己的水平得到大幅提升，但是这些基本的东西了解了，就能够自主地学习和模仿那些高手的作品了。"

老高转头看着小雯，问道："有什么感想？"

"感觉还是挺有收获的，以前看见别人做的页面，只会说'哇，真好看！'。现在听你讲了方法和思路，至少大概知道他是用什么方法做出来的，用到了什么工具。虽然自己做可能不一定完全一样，但相信多练就能慢慢做出同样的产品。"

"说得很对！就是这样，掌握方法，理顺思路，不慌不忙，慢慢积累！我们继续看下一个重要的元素——图表！"

4. 图表美化

（1）图表选用指南（让你的PPT会说话）

"图表对于PPT来说太重要了，你知道为什么吗？"老高问道。

"我想是不是因为PPT比较注重视觉化，需要通过图形准确地传达数据背后的意义。"小雯答道。

"不错，我想这应该是最主要的原因。一个包含很多行列的表格，是没办法一眼看出数据之间的关联的，但如果把它做成合适的图表，无论是谁都能够一眼就看出关键点。所以，我想对于图表来说，合适是最重要的。我自己把最常用的图表做了一个表格，掌握这几种基本上已经够用了。"

图示	图表类型	传达内容	应用场景举例
◔	饼状图	成分及比例	市场份额对比
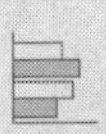 ▆	条形图	数值关联及排序	销售金额排序
 ▆	柱形图	频率分步及时间序列	年销售对比
 ◹	折线图	趋势走向	销售额
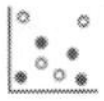 ⁘	散点图	数据关联性	测试数据

常见图表类型及用途

"有句话我一直很赞同：新手学东西的时候，先要做到不'错'，然后再做到'不错'！"

小雯听得有点懵，摇了摇头，"没听懂！"

"很多人做图表的时候，一开始就追求华丽和精美，但是却选错了图表类型，你看这个柱形图，作者想比较不同数据之间的差值，结果却用错了类型。"

"应该用条形图把数据从大到小排序显示！"小雯指着屏幕说。

老高笑了笑，"看来你已经明白了！这里我总结了一些图表的制作要点，在实际操作中慢慢去熟悉和理解吧。"

图示	图表类型	制作要点
	饼状图	数据要从大到小排序，数据项小于7项，不要使用爆炸式 不要使用图例，直接标在扇区上或旁边。不使用标签连线 尽量不用3D形式，做有色饼图时，边框线用白色，可产生切割感
	条形图	数据要从大到小排序，最大的在最上面 条与条的间距要小于条的宽度。有负数时坐标轴标签放右边或图外 标签非常长时，可放在条形中间
	柱形图	不要使用斜标签，分类标签文字过长时，使用条形图 y轴刻度应从0开始，同一数据序列不应使用不同颜色 有负数时坐标轴标签放上边或图外
	折线图	线条要足够粗，明显粗过所有非数据元素，不要放太多线条 不要使用斜标签，让读者歪着脑袋看 y轴刻度应从0开始，不使用图例，直接标在曲线边 多条曲线时，强调其中需要强调的那根，最粗线型或最深颜色
	散点图	如果散点不多，如少于7个，可手动链接标签 在利用散点图做相关分析时，可以添加拟合线 可将散点图扩展，可形成象限图、矩阵图

常见图表制作要点

"好了，别的不多说了，选择正确的类型是制作图表的第一步，也是最重要的一步，下面我们看看图表的美化。"

（2）图表的美化

"前面我们讲 Excel 的时候，讲过图表的美化。PPT 的图表，也差不多遵循这几个要点，考考你，看这个图表，怎么美化，看你还记得多少。"

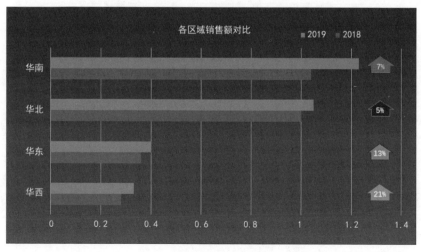

未经美化的条形图

"好的，我试试。" 小雯接过鼠标和键盘，开始动手美化，一边做一边嘴里还在念叨着："让我想想。嗯，背景要简洁不要选择很花哨的图当图表背景；网格线能不要就不要；颜色要合适，最好是一个色系的；字号可以小一点，字体可以选择辨识度高一点的无衬线字体。"

不一会就完成了，"请老师点评一下！"

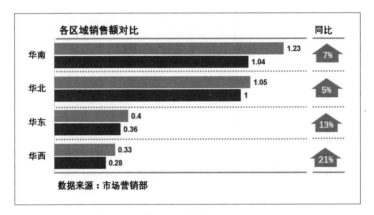

美化后的条形图

"嗯，不错！这个图表美化之后就比较清爽了。如果你有时间和兴趣，也可以到各大设计网站去找找那些高手设计出来的图表，有的确实非常酷炫，比如说条形图可以做成这样。"

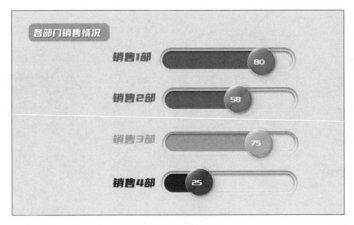

水晶质感条形图

"还有柱形图可以做成这种效果。"

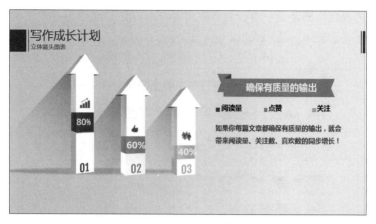

立体箭头对比数据图

"这个图感觉也挺酷的!"

"做起来也不难,无非是形状、阴影的组合,有时间自己动手尝试一下。除了以上这些,还有一种做法也比较流行,就是将图表图片化。"

(3)图表的图片化

"什么叫图片化?"小雯问道。

"就是用图片或者图标来代替柱形图或者条形图,显示数据。"老高调出一张图表,"比说这是一张很普通的条形图。"

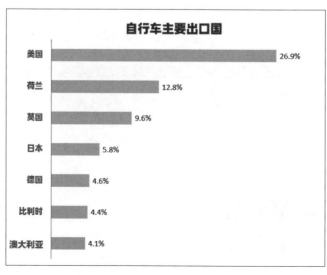

自行车主要出口国对比条形图

　　"我们把这张图复制一份，然后找到自行车图标，按 Ctrl+C 快捷键复制，这时候再选中数据条，按 Ctrl+V 快捷键粘贴。这时候数据条就变成了自行车的图标。"

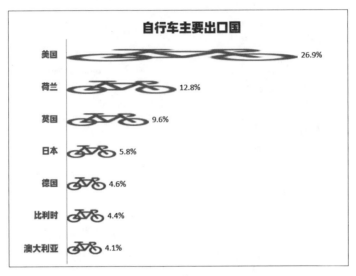

图标代替条形

　　"看上去不怎么美观啊！"

　　"因为图标被拉伸了，这时候在【设置系列格式】中的【填充】项，选择【图片或纹理填充】，把【伸展】改为【层叠】，再来看看效果。"

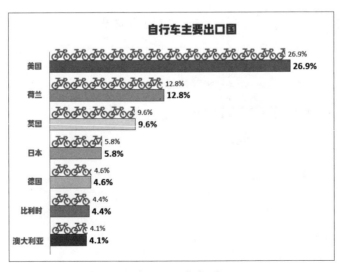

图片化显示数据量

"哦，原来是这样啊！我以前也看到过类似的图表，一直以为是用 Photoshop 或者其他软件做的，原来用 PPT 就可以做啊！"

"现在很多产品说明会、大型演讲用到图表时，都会采用直观化的图形表示数据。方法掌握了，剩下的就是靠你自己开脑洞了。"

5. 色彩搭配

（1）色彩选用指南

"好了，我们继续下一个话题——色彩。"老高打开浏览器里收藏的网站，"不知道你有没有看过网上一些高手的作品，还有国外这些专业的设计网站，是不是一眼望去感觉就特别舒服，尤其是色彩的选择。我曾经尝试过，那些看起来高大上的作品，随意更换几个色彩组合，视觉效果马上就大打折扣。"

"那当然了，不同的色彩都有自己的性格，必须搭配不同的场景。不然你看每个女生要那么多色号的口红干吗？"

老高笑了起来，"我忘了这个了，女孩天生都对色彩敏感，衣着、妆容的搭配都很费心思。"

"不过做 PPT 和日常生活中的穿衣、化妆搭配还是有区别的。"小雯摇了摇头。

"那肯定的，但是也有可以借鉴的地方。我把 PPT 有关色彩搭配的经验总结了一下。"老高调出一张表格。

名称	色彩联想	色彩语言	适用范围	搭配色彩
红色	火焰和鲜血	热烈、激情、喜庆、华丽、危险、愤怒、敌对、革命	党政报告、新年报告	黑色、灰色、白色、金色、蓝色
橙色	日出、橙子	健康、年轻、充满活力、快乐	儿童、设计、饮食等行业	黑色、白色、红色、绿色
黄色	智慧、权力	青春、快乐、警示	党政报告、教育行业	黑色
绿色	植物、湖泊	和平、环保、安详、宁静、晶莹剔透	商务、咨询行业	黑色、白色、橙色
蓝色	天空、海洋	低调、沉稳、缜密、冷淡、平静	商务行业、银行、科技公司	黑色、灰色、白色、金色、蓝色
紫色	神秘	高贵、优雅、梦幻、恐怖	女性相关行业	黄色
白色	雪花、白纸	纯洁、干净、神圣	中性色适用各行业	百搭
黑色	黑夜	高贵、严肃、华丽	中性色适用各行业	百搭
灰色	雪花、白纸	严谨、商务；消极、平凡、柔和	中性色适用各行业	做为背景和辅色百搭

色彩选用指南

"这个表我要保存一份，需要的时候拿出来参考一下。不过就算有这个表，感觉真正做的时候，那么多颜色试来试去还是挺费时间的。"

"还是有一些基本原则的，比如说使用同一色系的颜色搭配，能够让页面看起来非常和谐。有时候为了突出显示，又要使用两种反差比较大的对比色。要根据内容、用途还有 PPT 的使用场景来确定。"

"那要怎么确定这个配色的基调呢？"小雯问道。

（2）配色方案确定

"配色方案的选择有很多方法，还记得我们之前讲截图工具的时候，讲过取色的方法，现在 PPT 里也自带了【取色器】工具，就是方便我们到处去取色用的。"

"要到哪里去取色呢？"小雯问道。

"PPT 自带有一些配色方案，在【设计】标签下面的【配色】，可以作为参考。"

"这个自带的配色我用过，感觉太少了，而且有时候不太好看。"

"嗯，确实。配色有个重要的原则就是要和主题相契合，有个简单的方法就是从企业的 LOGO 或者 VI 设计上取色，这些色彩是和企业品牌企业文化相配合的，再适合不过。"

"我也注意到了，很多企业开发布会时用的色彩就是自己的 LOGO 色。"

"还有就是到专业设计网站上取色，这些网站都有专业人士做好的色彩搭配套餐，直接选用，就能获得非常好的视觉效果。"

小雯突然眼睛一亮，"对了！还可以到电商网站上去取色，特别是那些首页的促销广告，还有一些大品牌旗舰店的店铺装修，颜色搭配都挺漂亮的。"

"不错！"老高笑了笑，"还有那些高手的作品，模板里面的配色，都可以借鉴过来。还有一个要注意的，就是 PPT 的用途。在电脑里看的 PPT 配色和放在投影仪上看的 PPT 配色不太一样，要考虑到现场的灯光环境。可能在电脑上非常好看，但是打到投影仪上，就出现了色差，最后达不到最佳效果。"

"我也碰到过这种情况，参加会议或培训的时候，会场光线很亮，看不清投影仪。记笔记手抄来不及，想用手机拍下来，发现效果也不好。只有那种白底黑字或者反过来黑底白字的，才比较容易看清。"

"所以在考虑现场灯光的情况下，有时只能用高反差的对比色才能达到比较好的效果。回头我会专门把配色的资源包括和 PPT 相关的资源汇总都跟你梳理一下，有了这些资源能够提高工作效率，还可以学习借鉴。"

"好啊，好啊！我每次都是要做 PPT 的时候，临时去找资源，浪费大量的时间。"

"别急，我们还要聊一聊另外一个话题，就是 PPT 的动画。"

6. 动画制作

（1）动画的作用

"唉，别说了，曹总就说过我的 PPT 动画太多，看的时候浪费时间，让我全部删掉。"小雯嘟着嘴说。

"很多新手都喜欢犯这种错误。刚开始接触 PPT 动画，觉得非常好玩，恨不得把 PPT 整成动画片，文字、图片飞来飞去，旋转、跳跃热闹得不得了。结果看的人不知道要看内容还是看动画，最后就是恨不得让你全给删了。"

"所以，我后来做 PPT 就把动画全部给删掉，一个都不用了。"

"这又是走到另一个极端了，其实只要动画用得合适，不仅不会让人反感，还会觉得看得很舒服，很流畅。你知道 PPT 动画有哪几种？"老高问道。

"好像有几十种吧！没有统计过。"

"从大的分类来讲，有两种。一种是页内动画，比如很多人喜欢把文字做成飞进、飞出、缩放、消失效果，这些都是页内动画；还有一种是两个页面之间过渡的动画，这种叫作切换动画或者转场动画。"

"你这么一说，我想起来了，页内动画和切换动画，它们所在的位置也不一样。一个在【切换】标签，一个在【动画】标签。"

"对！那 PPT 动画具体有哪些作用呢？"老高又问道。

"我想应该是吸引眼球吧！反正肯定不是为了炫技！"小雯说完自己也笑了。

"我自己总结了一下，动画的主要作用有这么几个。第一应该是按顺序推进，强调的是次序或者时间进程，和时间线有关的，比如说讲解公司发展历程，讲解某件事情的变化发展演变，用动画都能够很清晰地展现。"

"只能按顺序推进吗？那如果有几项并列的内容呢？"小雯问道。

"当然可以，这就是动画的另一个作用——聚焦。当你的 PPT 有多个内容，但是想让观众聚焦到当前正在演示的一项内容时，就可以通过动画虚化或者隐藏其他板块，突出当前板块，很多PPT的目录页会使用这种动画效果。还有就是突出某个关键词的时候也会用到这种。"

"嗯，我看过这种的，让大家很清楚现在是在讲哪项内容。"

"第三个作用就是简化过程，不知道你有没有过这种体验。就是一件事如果用语言描述，讲起来特别复杂，听的人还一头雾水，但是做给他看，他马上就明白了。"

"有的，有的！有时候同事在微信上问我软件问题，我打字讲半天讲不清楚，走到他位置上给他做一次，他马上就明白了。"

"唉哟不错哦！有人向你请教软件问题了。"老高笑着说。

"最近感觉自己进步也挺大的，要感谢你这个好师父。"小雯做了个抱拳的姿势。

"好，继续加油！我们言归正传。刚才说了动画的作用，下面我们讲讲制作PPT动画要注意的问题。"

（2）动画要注意的问题

"高手做的动画给人感觉如行云流水，动画和动画之间的过渡非常流畅自然，作品整体的效果也非常好，这就是我们追求的目标，但是要做到绝不是一日之功。"

"高手暂时还不敢奢望，只希望少挨领导骂，不让别人看了觉得厌烦就足够了。"小雯说道。

"记住只有在需要做动画的时候才做，有些人做个页面切换动画，把系统里面的每一个都挨个用一遍。时长设置还不注意，一个对理解内容毫无帮助的动画，还要别人耐心等待几秒甚至十几秒的时间，确实是挺讨厌的。"

"嗯，还有就是感觉动画不能太多，要有画龙点睛的效果。"小雯补充道。

"对！动画的数量一定要合适，本来是想吸引观众的注意力，结果动画数量太多，就喧宾夺主了。还有就是动画不要设置得太复杂，太复杂了制作调试的时候费时费力。演讲前发现有问题，也没有时间去修改。"

"我有一次参加培训就遇到过，看得有点摸不着头脑。后来问老师，原来临上场前发现有个地方有问题，修改了一下，结果动画给改乱了，也没有时间调整好，所以演讲效果就打了折扣。"

"还有一个就是要注意动画和动画、页面和页面之间的衔接以及呼应，这样整个 PPT 的作品才会给人一种整体的效果。说了这么多，我们来看看动画制作的两个重要工具。"老高切换到 PPT，"一个是动画窗格，一个是动画刷。"

（3）动画窗格和动画刷

"感觉这个【动画窗格】和【开始】标签里的【选择窗格】挺像的。"小雯看着老高打开的动画窗格选项说。

"外观有一点像，但是从操作和功能上，【动画窗格】和【选择窗格】区别挺大的。【选择窗格】除了能选中页面上的元素，只有【显示】【隐藏】以及改变图层顺序，这几个功能。而【动画窗格】除能选中页面中的动画之外，还包括设置动画的播放顺序、计时、效果，还有触发条件等功能。页面里的所有动画，都要通过这个窗格来进行细节的调整，所以一定要把这几个功能弄清楚。"

"我们做个简单的动画来操作一下，"老高打开一页 PPT，"就用刚才这个条形图吧！"

"选中图表中的条形，在【动画】标签单击【添加动画】下拉框，再单击【更多进入效果】，在弹出的窗口中找到【伸展】动画，单击【确定】。"

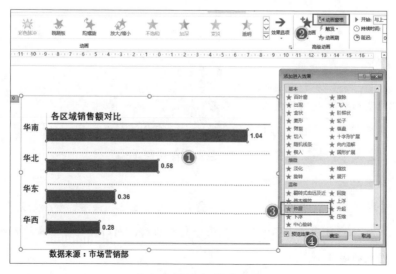

选中条形添加伸展动画

"在【动画窗格】中选中刚才设置的动画，然后单击工具栏上的【效果选项】，【方向】选择【自左侧】，【序列选择】【按类别】；【开始】选择【与上一动画同时】，【持续时间】选择00.50。设置完后，在【动画窗格】单击左侧向下的按钮，展开动画。"

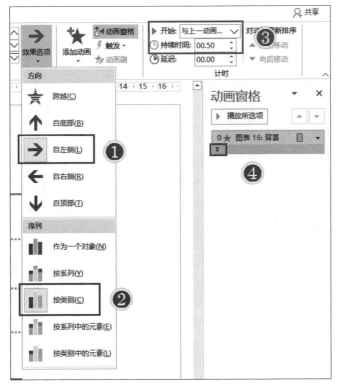

设置动画选项

"能明白这些选项的意思吗？"老高问道。

"让我想想，【自左侧】是伸展的方向，我们用的条形图，坐标在左边，所以选【自左侧】；如果是柱形图，就要选【自底部】。"

老高点点头。"嗯，正确，继续！"

"【按类别】我想应该是指的数据类别，也就是这些条形，一个个分别伸展。【与上一动画同时开始】指的应该是几个类别的动画同时开始。【持续时间】是指动画播放的时长。"

"不错，就是这个意思。我们继续，单击【分类1】，把延迟时间设为0.3秒，把【分类 2】的延迟时间设为 0.4 秒，把【分类 3】设为 0.5 秒，把【分类 4】设为 1.0 秒。这么设置是为了突出【分类 4】，把它的时间设长一点，完成之后，我们看看效果。"

分别设置动画时长

老高单击了"播放"之后，各分类数据按照时长分别从左侧向右伸展开来。

"效果不错，原来动画设置也没有那么难啊？"小雯拍着手说。

"这只是最简单最基本的一个动画，当然感觉不难。有些高手做的复杂动画，放起来和电影一样。动画窗格打开，密密麻麻，半天拖不到底。当然，如果你不是追求成为专门教别人 PPT 的动画老师，也没有必要设置那么复杂的动画。还是那句话，只有在需要动画的时候才用动画。"

"刚才你还说了一个动画刷，这个工具是干什么的？"小雯问道。

"和【开始】标签里面的【格式刷】比较类似，都是传递属性的。只不过一个传递的是字体、字号、填充色、轮廓等属性，而另一个传递的是动画设置的各种属性。也就是说设置好了一个动画，你就可以用【动画刷】把它复制到其他目标上去了。"

"哦，感觉应该可以省很多事儿。"

"是的，特别页面同类型动画比较多的时候，用动画刷可以快速复制效果、时间的设置，然后在此基础上再稍加修改，可以提高效率。除此之外，还有一些插件也能大大提高我们制作动画的工作效率。我们放到下次讲PPT相关资源汇总的时候，再一起讲。"

2.10 资源在手，干活不愁！PPT相关资源大收罗

前面已经分别对组成PPT的文字、图片、色彩、图表、动画等元素进行了讲解，但是新手在制作PPT时，不知道去哪里找字体、找图片、找配色，大量的时间都花在各种搜索资源的过程上，这里建议是把所有需要用到的资源汇总，形成自己的资源索引库，不要到使用时再去搜索比较，要把时间和精力放在构建PPT的逻辑和内容上。

定期抽时间对这个资源索引库进行维护和整理，剔除那些失效的，增加一些新发现的优质资源。慢慢地形成有自身特色的资源库，不仅可以大大提升工作效率，也可以通过对资源的整理和学习，提升自己的设计制作能力。

1. 找字体

"你觉得做PPT的时候，最花时间和精力的是什么？"老高问道。

"我经常会浪费很多时间去搜索图片、字体、图标。"

"嗯，这是大家普遍遇到的问题，我们集中把这些资源梳理一遍，先从字体开始。"老高打开一张表格，"这个网站是我经常用来找字体的，都是比较专业的网站，但还是有一些区别。可以把这几个都加到浏览器收藏夹里，自己试一试看比较习惯用哪个。"

名称	网址	收费模式	是否有客户端	上传图片识字体
找字网	http://www.zhaozi.cn/	部分免费下载	无客户端	不支持
字魂	https://izihun.com/	部分免费下载	字魂客户端	不支持
字由	https://www.hellofont.cn/	部分免费下载	字由客户端	不支持
求字体	http://www.qiuziti.com/	免费下载商用需授权	字体助手	支持

字体网站

"这几个网站之间有什么区别呢？"小雯问道。

"有的是可以免费下载，有的网站必须要交费注册成会员才能下载。有的有自己的客户端，比如字魂和字由，这两个网站的客户端都是非常不错的。在你使用 PPT、Photoshop 和其他设计软件时，用客户端可以直接预览设计效果，觉得好再激活下载字体，可以节省很多下载时间，也可以节省硬盘空间。求字体网有个特殊的功能，可以识别字体。"

"识别字体是什么意思？"

"有时候你在网页上、广告上或者别的设计作品里，看到一款非常好看的字体，也想下载下来自己用，可是你不知道这个字体的名字，怎么搜索呢？没关系，截图保存成图片，在求字体网上传图片，网站会自动帮你识别，告诉你这是哪款字体，并提供下载链接。"

"这个功能好，我也记不住那么多字库和字体的名称。"

"还有一个问题也要注意，就是字体的版权问题。个人学习使用没太大关系，但是如果是商用，很多字体都是需要付费使用的。好在还有不少优秀的免费商用字体可以选择，例如思源黑体和思源宋体、站酷字体、旁门左道字体、文泉驿系列字体等。上面介绍的这几个网站都把字体授权使用范围给标出来了，你可以下载那些免费商用的，也可以付费购买。在使用之前一定要弄清楚字体的版权。好多公司都曾经遇到过，不了解范围就使用字体做宣传推广，结果接到了字库公司发来的律师函，要求付费。"

"真的？还好没被投诉过。"小雯伸了伸舌头，"我以前都不知道，以为系统里带的字体还有免费下载的字体都可以随便用呢！以后再下载字体先要搞清楚版权问题。"

2. 找图标

"说完了字体，我们接着说图标。好的图标可以让作品锦上添花，图标可以引导观众的注意力，可以统一作品的风格，可以装饰文本，作用非常多。但是要能找到准确表达内容的优质图标才行。有时候在搜索引擎上搜出来的图标，不是精度不够就是颜色不对，要不就是有背景的图片格式，而我们需要的是能够随意放大搭配各种图标颜色的矢量图标，或者是 PNG 格式的无背景图标。我也整理收集了一些。"老高调出一张表格。

名称	网址	提供格式	是否支持换色	所在区域
阿里矢量图标	http://www.iconfont.cn/plus	svg、png、ai	支持	国内
illustrio	https://illustrio.com/	svg、png	不支持	国外
icooon-mono	https://icooon-mono.com/	svg、png、ai、jpg	支持	国外
easyicon	https://www.easyicon.net/	svg、png、icon	不支持	国内
pictogram2	http://pictogram2.com/	png、ai、jpg	不支持	国外
kage-design	https://kage-design.com/	svg、png、ai、jpg	支持	国外

图标网站

"这是阿里做的矢量图网站吗？"小雯指着表格第一行问道。

"是啊！这个网站的图标比较多，支持的格式也比较多，还可以更改图标的颜色，所以优先推荐它。如果在这上面找不到合适的图标，再考虑去其他网站去找。一般来说，国内的网站的访问速度要比国外快得多。不过有时候在国外的网站也能找到一些比较冷门但是比较有特色的图标。"

"有哪些特色呢？"

"比如说 human pictogram 是日本的图标网站，上面提供的图标包括 png 和 ai 格式，非常有风格，都是与人物相关的，非常适合做办公、职场相关类型的。不忙的时候，自己上去找一找看一看，看到合适的图标可以保存到自己的电脑上。"

"嗯，好的。png、jpg 平时接触比较多，svg 和 ai 格式的用得比较少，这两种就是矢量格式吗？"小雯问道。

"是的，矢量格式的图片可以随意缩放，不会模糊变形，不过要安装 Adobe Illustrator，也就是我们俗称的 AI，才能打开编辑。如果没有装 AI 软件，可以安装一个小软件 Vector Magic，可以把矢量图片转为普通图片，操作十分快捷方便。"

3. 找配色

"接下来，我们看看怎么找配色。"老高打开另一张表格，"之前讲配色的时候，我们说了各种颜色的搭配方法，但是想自己做出漂亮大方的配色，还真不是短时间内能学到的。所以，很多网站提供了成套的配色方案，供设计人员直接选用。我也收集了一些配色网站，放在一起，随时可以查看调用。"

名称	网址	特点	所在区域
中国色	http://zhongguose.com	传统中国色彩，适合中国风	国内
优设网	https://color.uisdc.com/	提供各种传统色、渐变色方案	国内
lolcolors	https://www.webdesignrankings.com	鼠标点击配色方案显示色彩代码	国外
colorhunt	https://colorhunt.co/	提供多达17万种配色方案	国外

配色网站

"配色网站上的方案是很多，不过有时候还是容易挑花眼。而且在上面取到颜色值之后，再回来更改，感觉也挺烦琐的。"

"如果是单个页面，可以之前介绍的截图贴图软件，把颜色放到页面上，一个个试。如果想看整个作品的感觉，PPT里面有个配色方案自定义功能，可以利用这个功能，整体更换颜色看效果。不过换之前记得保存，不然如果不太合适，找不回来原来的颜色，就要手动重新调了。"

"有时候在生活中看到一些漂亮的颜色组合，是不是也可以拿过来借鉴？"

"当然可以。除了在配色网站上面找，前面我们说了可以在LOGO里找配色，还可以直接到别人的作品里面找。看到好看的海报、广告、杂志、网页，都可以截图后取色，用到自己的PPT里，这也是一个慢慢积累的过程。好，下面我们来说说怎么找图片。"

4. 找图片

"终于到图片了！你的PPT里经常有一些很漂亮的高清图片，和文字内容也挺搭的，一直想问你都是在哪儿找的。"

老高笑了笑，"图片对PPT来说确实太重要了。设计高手肯定都是找图的高手，这也催生了很多商机，所以很多设计师都会花钱充值，以便于能够快速找到自己想要的图片。其实除了国内的收费图片网站，国外有一些网站也提供了大量的高清免费商用图片，我把这些都整理在一起了。"

名称	网址	是否收费	版权	所在区域
pixabay	http://www.pixabay.com/	免费	可免费商用	国外
pexels	https://www.pexels.com/	免费	可免费商用	国外
unsplash	https://unsplash.com/	免费	可免费商用	国外
stocksnap	https://stocksnap.io/	免费	可免费商用	国外
gratisography	https://gratisography.com	免费	可免费商用	国外
懒人图库	http://www.lanrentuku.com	免费	不能免费商用	国内
全景网	https://www.quanjing.com/	收费	购买后可商用	国内
视觉中国图库	http://www.vcg.com/	收费	购买后可商用	国内
500px.com	https://web.500px.com/	收费	购买后可商用	国外
摄图网	http://699pic.com/	收费	购买后可商用	国内
千图网	https://www.58pic.com/	收费	购买后可商用	国内

图片素材网站

小雯看了看表格，问道："图片和字体一样，商用也要授权吗？"

"当然，很多图片都是制作者付出了劳动的，个人学习使用倒无所谓，但是商用一定要注意版权问题。这个表上列出的网站，能满足普通人90%的设计需求。不过也要学会搜索技巧，才能搜到满意的图。"

"什么样的搜索技巧？"小雯问道。

"在国外的网站上最好使用英文关键词搜索，虽然有的国外网站支持中文搜索，但用英文搜索出来的结果会比中文多十倍都不止。"

"哦，还有这个区别啊！好的，下次先翻译成英文再搜。"小雯点点头。

"另外，还要学会把抽象关键词转化为视觉化关键词。"

"视觉化关键词？"

"比如要表现团队协作，那么用'划龙舟'做关键词，搜出来的图片肯定比用'团队协作'当关键词更好。要表达勇气，可以用攀岩、翼装飞行这些极限运动的图片；要表达合作，可以用海豚协作捕鱼的图片；要表达战胜困难，可以用帆船在海浪中航行的图片。用这些具体化的场景来替代抽象的关键词去搜索，能够帮你快速找到最契合主题内容的图片。多做一些发散型思维，多进行一些联想，同时多借鉴一下高手的作品，看他们是怎么用图片和内容进行关联的。"

"嗯，听你这么一说确实很有画面感！要好好学习学习。"小雯停了一会儿，又说道："虽然有了这些网站资源，但是有时候时间来不及还是要用模板去做，找模板也是挺费时间的。"

5. 找模板

"模板除了能够让我们节省制作时间，还能通过模板学到很多高手的排版、配色技巧，我也整理了很多模板下载网站。"

名称	网址	是否收费	模板数量	模板质量
微软office官方网	http://www.officeplus.cn	免费	较多	高
51PPT	http://www.51pptmoban.com	免费	少	参差不齐
优品PPT	http://www.ypppt.com	免费	多	部分质量高
逼格PPT	http://www.tretars.com	免费	少	高
第1PPT	http://www.1ppt.com/	免费	多	一般
PPT宝藏	http://www.pptbz.com/	免费	较多	参差不齐
演界网	http://www.yanj.cn	收费	多	高
稻壳儿网	http://www.docer.com	收费	多	高
pptstore	http://www.pptstore.net	收费	多	高
PPTmind	https://www.pptmind.com/	收费	多	高
锐普PPT	http://www.rapidbbs.cn	收费	多	高

模板下载网站

"演界网、pptstore、锐普 PPT 这几个 PPT 商城，集中了业界的高手和精英，模板质量非常高并且数量也多。稻壳儿网是金山公司创办的，和旗下的国产办公软件 WPS 无缝对接，也有很多质量很高的模板，还包括图标、字体等其他资源。"

"这几个我也知道，一搜 PPT 模板经常都会在结果里显示。不过都是收费网站，下载是要给钱的。"小雯做了个数钱的手势。

"嗯，这几个网站也提供了一些少量的免费模板。如果真是急用，并且模板非常适合，花点钱下载也是对作者劳动的尊重。有些提供会员服务，充值后就可以无限制下载所有模板了。"

"那免费下载的网站里，有没有比较好的呢？"小雯问道。

"也有，比如说 Office PLUS。这是微软官方网站，里面的模板质量好而且非常规范，不仅包括 PPT 模板，还包括 Excel 图表、Word 模板相关的资源，而且全部免费，从这里下载的模板能够学到很多东西。不过免费网站里有时也会有惊喜，虽然数量不多，但是这部分少量的精品模板下载之后，可以在里面拆解学习到很多高手的设计理念和设计思路，非常有助于提高我们的技术。"

"有时领导临时安排的工作，确实时间来不及了，只能下载模板赶快做完上交。"小雯有点无奈地说。

老高点点头，"要注意的是，模板下载下来，有时需要自己修改一下才能使用。比如在【视图】→【母版】里添加自己公司的 LOGO，删除模板上不需要的元素；比如更换模板上所有的字体。要把模板里面的内容调整到和自己的主题内容相契合，同时又能保证是一个完整的作品，前后呼应，风格统一，也需要一定的经验。常常会看到一些人的作品里面有几种不同的风格，像从几个不同的模板里面挑出来再组合的，拼凑痕迹很明显。就好比一套房子，客厅是按欧式风格装修的，卧室又是中式风格，给人一种不伦不类的感觉，尽量要避免。"

"这个错误以前我也犯过，后来自己想明白了。"小雯笑了笑。

6. 找插件

"如果经常做 PPT，就会遇到一些问题，比如图片的放大、PPT 的文件尺寸太大，还有排版中的一些问题。还好，有许多软件工具以及插件，能够帮助我们解决很多实际问题。先说图片放大吧！有时候找到一张图片，很符合我们要表达的内容，但是精度却不太够，特别是需要拉大尺寸做全屏排版时。有几款软件可以实现图片的无损放大，一个是 photozoom pro，还有一个是 Bigjpg。软件不大，功能也很简单，自己试一下就知道好不好用了。"

"没想到还能这样玩啊！确实能解决一些图片运用的问题。"

"有时候 PPT 里面图片多了，文件的尺寸会非常大，不利于复制和传输。这个时候我们就需要压缩文件尺寸了。在 PPT 里也提供这项功能，但是有时效果也不太好，可以试一下 PPT Minimizer 这款软件，可以把 PPT 文件尺寸压缩到原来的四分之一到五分之一，精度却没有太大的损失，是个非常不错的工具。"

"我也遇到过这样的问题，用微信给别人发文件，提示 PPT 文件尺寸太大，发不了，只好转用 QQ 或者发邮箱，挺不方便的。"

老高笑了笑，"工具软件就是为了解决我们工作生活中的各种难题，提高效率的，所以要善于利用工具。再给你介绍一款 PPT 插件，叫作 islide，安装后可以集成到 PPT 里面，直接调用。这款插件功能很多，有很多贴心的功能帮助我们解决 PPT 制作中遇到的各种问题。"

"是不是还要花时间去学怎么使用这些插件啊？"小雯问道。

"软件公司开发这些插件目的就是为了减少 PPT 制作工作量，而且都是很直观很实用的功能，一看就会，不用担心。类似的插件还有制作 PPT 动画的 PA 口袋动画、Focusky 动画演示大师等。不过要提醒一下，插件装太多，有可能会影响 PPT 的启动和运行速度，找到合适自己的就行，不要贪多。一些基础操作也还是要熟练掌握，不能一味地依赖软件，否则碰到突发情况，更换了电脑，没有网络环境，就完全不知道该怎么办了。"

小雯点点头，"嗯，我明白你的意思，插件只是辅助，提高效率，设计理念和基本的操作还是要了解和掌握的。"

"好了，有关 PPT 的所有东西就是这些了。不过就算知道了这些，也不过是刚刚入了门，要想成为 PPT 高手，还有很长的路要走，我自己也在不断地学习中，我们一起加油！"

小雯也微笑着握起拳头，"加油！"

第 3 章

多平台办公应用

　　当下，智能终端和云端平台已经非常普及，灵活运用不同平台、不同终端的软件，能够快速转换工作场景，提高效率，同时还能让工作无缝连接。通过对多平台的知识进行管理，可以构建知识框架，积累知识和经验，在学习中快速成长。同时结合时间管理的方法，可以减少工作压力，让生活更加从容有序。

3.1 微信办公技巧

早上醒来，睡眼蒙眬就打开手机屏幕，先看看有没有新消息提醒，有没有重大突发新闻，顺手再刷一下朋友圈。人机不分离，一天亮屏无数次，相信这些场景每个人都很熟悉。智能手机改变了人们的生活习惯，同时也改变了人们的工作方式。

微信作为使用率第一的社交应用，已经当仁不让地成为大家联络沟通的重要工具。与此同时，这款聊天软件也在职场上承担着越来越多的角色，下达任务、提交报告、朋友圈发送广告、音频视频会，还有五花八门功能繁多的各类小程序，在职场中，离不开也逃不掉。如何正确高效地使用微信这款社交软件，也成为一个重要的话题。下面就分别从不同的角度来看看，职场中有哪些需要掌握的微信使用技巧。

1. 常用基本操作

中午吃饭时，老高打好了饭菜，端着餐盘，看见小雯独自坐在角落的位置，一边吃饭一边看着手机。

"怎么？吃饭还在忙工作？"老高放下餐盘，坐了下来。

"是啊，领导在问今天的公众号推文的事。"小雯放下筷子，用手机打着字，"唉，忙起来连吃个饭都吃不好，微信消息太多。"

"都一样！微信每个人都在用，所以领导也喜欢用微信安排工作。"老高看了一眼小雯，"你的饭菜都要凉了，吃饭的时候打字不方便，可以用语音转文字。"

"回复领导，发语音不太好吧？"

"不是发语音，是把你说的话快速转成文字。"老高从口袋里拿出手机，"在输入窗口，单击右边的加号，再点'语音输入'，按住这个按钮说话。"

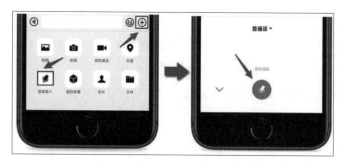

微信语音输入

"哦，这个功能看到过，但是用得很少。如果识别的内容不对，怎么办呢？"

"在文字后面点一下，就进入编辑模式，可以修改了。说的时候说慢点，吐字清楚点，识别率其实还是不错的，比打字要快得多。有时候不方便打字的时候，可以用这个功能。"

小雯打开语音输入，凑近手机的麦克风，"好的，我马上看，有问题再回复您。"屏幕上显示出识别的文字，小雯点了一下发送。

"领导要我帮忙检查一下今天的推文，里面有这次活动的宣传方案，看看有没有文字错误。还没看完，又要回群里的消息，回完消息，又要重新打开推文，好麻烦！"小雯说着用手指滑着屏幕。

"可以用'浮窗显示'功能，把文章固定到浮窗里，回完消息接着看。"

"浮窗显示？怎么弄的？"小雯把手机递过来。

"单击推文右上角的三个点，下面这一排按钮的最左边有个'浮窗'，点一下。你看，现在推文就浮动在这里了，不影响你回复消息和别的微信操作，等你操作完了，点一下浮窗回来接着看。"老高一边操作，一边讲给小雯听。

微信浮窗显示功能

"哦，这个挺方便的，有点像多任务操作系统了。"

"是啊！最新版的微信支持同时设置5个浮窗，浏览文件、公众号、小程序还有收藏笔记都可以设置成浮窗，方便你来回切换。当你不方便登录电脑版微信，又要来回切换着发消息、看内容的时候，这个功能就很有用了。"

"没想到微信还有这么多隐藏的好功能。"

"现在用微信的时间太多了，有空研究一下这些操作技巧，可以大大提高做事的效率。"老高说。

"还有哪些技巧呢？"小雯问道。

"一些基本的操作技巧，你应该都掌握了。比如说双击聊天界面的红色数字，可以快速定位聊天消息；群里长按别人的头像可以快速@他；别人发的视频，长按可以选'静音播放'；还有合并转发。"

"这些操作基本上都知道，合并转发是指的什么？"小雯问。

"如果你有多条消息需要转发给别人时，除了截屏，还有一种方法。长按消息，在弹出菜单中选择【多选】，然后勾选多条消息，再选底部的【发送】按钮，这个时候会弹出两个选项，一个是【逐条转发】，一个是【合并转发】。"

多选消息转发

小雯正在认真听老高讲，突然手机屏幕又亮了。小雯看了一下消息，"哎呀，差点又忘了交作业了，看我这记性。"

2. 信息及任务提醒

老高等着小雯把文件转发完了，笑着说："记性可靠不住，要学会提醒自己。"

"在手机上设置闹钟吗？感觉太麻烦，有时就没有设。"

"微信里自带很好的提醒功能，比如领导在群里发消息安排了一项工作，你怕到时给忘记了，可以长按这条消息，在弹出菜单中选择【提醒】，这时会弹出选择窗口，左边是日期选择，右边是时间选择，确定后，点右上角的【设置提醒】。到了预定时间，微信就会以服务通知的方式发送消息给你。"

消息设置提醒

"这种提醒还挺方便的，顺手就设置了。"

"还有一种强提醒，工作中也用得着。某些重要的微信好友，比如说领导、重要客户，不想错过他的消息，可以单击好友头像，再点右上角三个点，选择【强提醒】。在接下来的 3 个小时里，这位好友的头像会置顶，如果发消息给你，会全屏提醒你，单击【我知道了】才可以关闭，区别于其他的好友发的普通消息。"

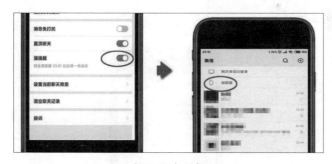

好友设置为强提醒

"还有这个功能？我都不知道，我来试试。"小雯在微信里把老高设置为强提醒，然后老高发了个表情给她，果然弹出来全屏提醒消息。

"除了这两种提醒，还有一种方法在有些场景下也用得着。比如说你正在开会或者做别的事情，这时候收到一条微信消息。暂时不方便回消息，但又怕自己过后给忘记了。那么就可以在好友列表里长按，然后在弹出菜单中选择【标记未读】，等你有空了，再打开微信就可以清楚看见这条'未读'消息，这个方法也适用于群消息。"

"唉，真的呢！"小雯试了一下，"这一招也管用，有时候看了一眼准备等会儿回，结果就忘记了，标个未读可以提醒自己。"

消息标记为未读

"最后一种提醒是通过微信的笔记功能实现，单击界面底部的【我】→【收藏】，再点右上角的加号，就进入了笔记。下面一排图标，分别可以插入图片、定位、文件、录音以及待办项目，单击最右边的图标，就可以把重要工作任务创建成待办事项了。再点右上角三个点，把这个笔记置顶，这样在聊天界面随时能看到当天要完成的工作任务。"

微信笔记里添加待办项

"没想到光是提醒，微信就有这么多方法。我平时工作中用得最多的也就是在电脑和手机上传递一下文件。"小雯说。

3. 文件整理与传送

"你传递文件是用的文件传输助手吧？"老高问道。

"是啊，还有别的方法吗？"

"文件传输助手是比较方便，但是也有一些问题，一是发多了，感觉就会很乱，没有分类整理功能；二是时间久了，文件容易过期。针对这两个问题，分别有两种解决方法。我们可以建立只有自己一个人的群，用来传送文件。"

"自己一个人的群？那怎么建？"小雯问。

"聊天界面，单击右上角的加号，选择【发起群聊】，再选择【面对面建群】，随便输入一个 4 位的数字，单击确定就建好了一个只有自己一个人的群。单击右上角三个点的图标，进入【群设置】，可以把【群聊名称】改为类别目标，比如'图片素材''文档资料''客户信息'等，还可以选择【置顶聊天】，这样就可以把各种不同的资料发到不同分类的群里，找起来非常方便。"

"还能这么玩啊！我以前都是在文件传输助手里翻半天。那文件过期的问题怎么解决呢？"小雯又问道。

"把文件加到收藏里，这样就不会过期了，微信收藏相当于是一个容量 2G 的移动硬盘，手机和电脑同步非常方便。如果不能满足你的需求，还可以通过腾讯文档、有道云笔记等微信小程序来收藏文件。"

"哦，不过文件收藏多了，感觉很占手机的存储空间。经常会提醒空间占用了多少 G，需要进行清理。"

"文档分类整理，建议你下载一个叫腾讯文件的 App，和刚才说的那个腾讯文档的小程序名字有点像，但功能不一样。这个 App，可以把手机上的文件按照图片、视频、文档等分类，然后按照时间排序，整理起来很方便。定期把一些没有用的文件、图片、视频给删除，养成好习惯，也可以让手机使用更顺畅一点。"

腾讯文件

"好的，我在应用商店下一个试试。"小雯点点头。

4. 职场必备礼仪

"我们在工作中使用微信时，除了这些能提高效率的使用技巧，还要注意一些职场的礼仪。"

"职场礼仪？微信聊天还有这么多讲究吗？"小雯问道。

"比如说有些人喜欢在微信里发送长语音，一条接一条，无论是对领导还是对客户，都不太礼貌。因为文字内容，一眼就可以看完，但是语音内容，长度多少秒就得花多少秒听完，很浪费大家的时间。如果发送的人普通话说得好，还可以长按这条语音转成文字，不然只能一条条地听。"

"嗯，我也不喜欢别人发语音，没有必要的情况下，我自己是不会发送语音的。"

老高点点头，"微信上和别人沟通的时候，不要问'在吗？'，打完招呼，直接说事情，让对方能够清楚了解沟通内容，以免浪费时间。"

小雯笑了笑，"我也挺讨厌别人问在不在的，特别是那种平时联系不多的人，直接说事不就行了。"

"嗯，把握'己所不欲，勿施于人'这个原则，站在对方的角度考虑问题，基本上就能愉快地聊天，当然也包括工作上的对接。比如因工作添加了好友，记得发给对方自我介绍，这也是提醒对方进行备注，以免时间长了，都不知道是谁。"

"我也遇到过这种情况，不知道微信好友到底是谁，什么时候加的，又不好意思问，感觉挺尴尬的。"

"领导安排了工作，不要随意回复'嗯''好的'，最好是先回复'收到'，表示已经看到工作安排的消息，接下来给出自己的跟进情况和预计完成时间节点，并在过程中及时反馈，让领导做到心中有数。工作群里，不要发乱七八糟的表情；如果发送文件到群里，说明文件的用途，有必要的话@相关对接人。还有要注意，不要几个字一句地发送。要把一段文字编辑好，检查没有错别字之后再发送。微信既然成了一种工作沟通工具，那么一定要注意这些职场的礼仪，才能让领导、客户、工作伙伴认可你的职场形象和专业度。"

"嗯，你说的这些确实有道理，看来以后真的要注意一下了。"小雯和老高吃完了午饭，收拾好餐盘，走出了食堂。

就像故事里老高说的，既然工作中已经离不开微信了，那就必须花点时间把微信的功能、使用技巧好好归纳整理，让我们的工作更便捷，沟通更高效。这里把文中提到的相关功能整理成了思维导图，方便大家学习。另外，还要注意微信更新之后的提示，看看出了哪些更好用的新功能。

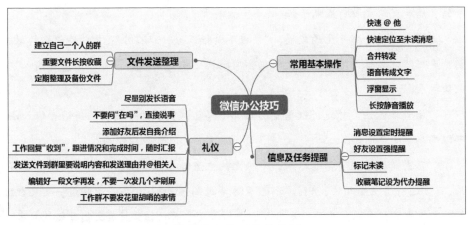

微信办公技巧思维导图

3.2 语音识别输入让工作更智能

最近几年语音识别技术突飞猛进，以前在科幻电影里才能出现的场景，已经通过智能手机的进入每个人的生活中了。不过大多数人也只是在听说这项技术之后，试一试玩一玩，没了兴趣就扔到一边了。其实这项新技术无论是在工作还是在生活中，都有很多不同运用场景，善加利用，就能够大大提高效率，让我们的工作和生活更加智能和便捷。

1. 语音录入手写稿

中午在公司食堂吃完饭回到办公室，老高正准备休息一下，看见小雯哭丧着脸走了进来，手里拿着几页纸。

"怎么了？"老高问。

"午休又泡汤了！刚在走廊上碰到李总，让我帮他把这几页纸的东西打成电子版，说待会下午开会要用。工程部的文员小茜今天请了病假，这几页打完估计已经快上班了！"小雯抖了抖手里的文稿。

工程副总李总年纪比较大，平时用电脑也就是批一批 OA，写东西都喜欢用手写，然后交给文员打成电子版。

老高看了看小雯手上的文稿，"字迹不是很工整，如果用 OCR 软件识别的话，识别率可能比较低。不过不算太潦草，肉眼还是挺好辨认的，可以用语音输入法来输入。"

"语音输入法？你是说微信里面的那个吗？这么长的一篇文档用语音输入法可以吗？"小雯问。

"不光是微信里有语音输入，手机上的主流输入法都有语音输入。比如说搜狗、百度还有迅飞输入法，识别率都还不错。"老高说着，从小雯手上拿过一页文稿，打开手机上的记事本，然后单击输入法上的语音输入按钮，对着文稿开始读起来。

老高用正常的语速读着文档，中间没有停顿，只到第一段文稿全部读完，手机屏幕上已经出现了一大段文字。

"你看，对着文稿念下去，语音输入法可以自动转化成文字，然后回头修改一下这几个识别错误的字，加上标点符号和分段，比用手打快多了！"

小雯看了看老高的手机屏幕，"真的，识别率还挺高的，我怎么没想到用语音输入呢？"

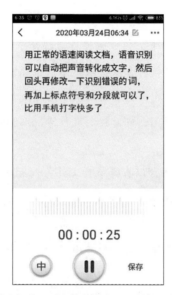

朗读手写稿通过语音识别转文字

"这几页文稿加起来应该估计不到 10 分钟就能做完，你分几页给我，我来帮你输入。"

"好的！"小雯把手上的文稿分了两页给老高，然后两人拿出手机分别开始语言录入。

果然像老高说的一样，四五页的密密麻麻都是文字的文档，两人分头只花了几分钟，就全部念完了，然后发到电脑上修改错别字加上标点符号，一篇文档完成也只用了 10 多分钟的时间。

小雯高兴地说："幸亏用了这个方法，不然我一个字一个字打，半小时都搞不定！"

"其实现在语音识别技术已经很成熟了，有很多地方都用得着的，比如说整理会议纪要。"老高看了看时间，"先休息吧！一会儿开会时用手机录下来。"

小雯点点头，两人分别趴在办公桌上开始午休。

2. 整理会议录音

下午的会议上，小雯把手机设置成静音，打开录音机应用，把会议过程录了下来。

老高看到小雯回到办公室，问道："录下来了吗？"

"录下来了。"小雯点点头。

"现在把录音文件导出来，用电脑播放，打开手机输入法的语音输入，就可以开始转文字了。公司内部例行会议要求不高，按照输入法90%以上的识别率，加上你自己的手工笔记，整理一份会议记录不用花太多的时间。"

"确实可以省下很多时间，以前接到这种活，只能戴着耳机，听一句打一句，干不了别的事。"小雯说。

"还有几款应用和软件可以直接录音文件导入后转文字，不过多数都是要收费的。咱们内部会议暂时用不上，如果是专业的会议，就需要付费购买了。你觉得语音识别技术还有哪些地方用得上？"老高问。

"除了发微信语音转文字，还有别的用法吗？"小雯反问道。

3. 随时记录笔记

"当然有，比如有时候我们突然有个想法，或者是一个灵感闪现需要记录下来的时候，身边也没有纸笔，只能用手机记录。可是手机键盘打字按键太小，也不是太方便，需要两只手配合才能顺畅输入。这时候用语音输入来记录，就非常方便了。"

"我知道了，可以随时发语音给文件传输助手，或者转成文字，等有时间了再去整理。"小雯说。

老高点点头，"对！这是一种方法，用之前我们讨论过的方法，可以专门建立一个收集灵感的个人群，想到什么就发进去，等有时间的时候再来一起整理。现在我们再从不同的角色和场景来总结一下，比如你上班的时候可以用来记录琐事、备忘和提醒，可以用来做会议记录，或者快速编辑一段文档。还有你写公众号推文的时候，也可以用来提高输入效率。"

"出去玩的时候可以用这个方法来记录。我记得以前写过游记，放在网上挺受欢迎的。出去玩的时候，看到什么，想到什么，配上图，然后用语音输入配上几句话，回来一整理就是一篇游记。"小雯高兴地说。

"其实还有很多场景可以用到，现在有些语音输入法还支持方言输入，家里老人不太会用手机打字的，教会他们这个方法，可以大大提高他们的沟通效率。"

小雯点点头，"现在老年人用微信的好多，我爸妈也经常给我发微信，一发好多条语音，有时候又不太方便听语音，教会他们这个方法，就可以转成文字再发给我。"

随时记录语音笔记

4. 语音助手快捷操作

"Siri 经常用吧？"老高突然问道。

"嗯，闲着无聊的时候经常会逗一逗它！"小雯笑着说。

"除了苹果的语音助手 Siri，各大手机厂商都有自己的语音助手，比如小米的小爱同学，华为的小 E。在有些场合用语音助手很方便，能解决不少问题。"

"我一般就是问一下天气，放一下音乐什么的。"

"你驾照拿到了吧？"老高问道。

"拿到了，还没怎么上路呢！"

"当你开车的时候，电话来了，如果没有戴耳机，接听电话是比较危险的，被摄像头拍到还会扣分。现在很多智能手机提供了一种驾车模式，就是基于语音识别技术。"

"驾车模式？没用过。"小雯摇摇头。

老高拿出手机，打开语音助手，对着手机话筒说："打开驾车模式！"手机屏幕弹出一个对话框，老高点了一下确定。

"导航到家！"老高对着屏幕说。

"出发咯！"手机传来语音助手的声音，导航 App 自动打开并且定位到了老高家所在的地址。

"这就是驾车模式，你给我打个电话。"

"好的。"小雯在通信录中调出老高的电话，单击拨号键。

"小雯来电话啦！请说'接听电话'或者'挂断电话'。"老高的手机传来语音助手的声音。

"挂断电话。"老高对着手机说，手机自动挂断了电话。

"你看，开车的时候如果有电话进来不用看手机，不用分散注意力，语音就能接听。还可以语音控制电话播出，只要对语音助手说'打电话给某某某'，它就会自动拨打通信录里的电话号码。"

小雯点点头，"这个功能真的很有用，开车的时候如果有重要电话，不接也不好，接了又不安全。"

驾车模式中用语音操控手机

"对，用语音助手可以解放双手。有时候手机上应用装多了，常常忘记在哪一屏哪个位置，打开语音助手，对它说打开某某应用，速度会非常快。有时候临时要查询一个什么东西，也可以直接问语音助手，比打开浏览器再输入文字要方便快捷得多。有时候要调整手机设置里面的选项，却不记得在哪个子菜单里面去找，也可以直接对语音助手说，设置某功能，马上就能直达目标。"

"对了，用语音助手还可以设置倒计时和闹钟提醒，我就经常用。"小雯说道。

老高点点头，"随着语音识别技术的发展，手机会越来越智能。现在还有些品牌手机的语音助手提供了训练功能，你可以教会你的语音助手做一些它原来不会的操作。语音助手，加上语音输入法的识别，可以让我们节省很多的时间。有空我们一起研究，等你有了什么新的发展，也和我分享一下。"

"ok!"小雯笑着点了点头。

基于语音识别技术的语音输入法和语音助手是几乎每台智能手机都有的功能，大多数人用过之后，就会扔到一边，其实结合到我们的工作学习场景，有很多地方能够用得到。

3.3 多平台文件同步及协同工作

从电脑发明到应用到工作和生活中，存储介质一直在变。已经基本退出历史舞台的有软盘、光盘，大家还在使用的有 U 盘、移动硬盘及数码设备的存储卡。宽带、4G/5G 通信网络的提速，让网络存储大大提速，也创造了许多新的工作场景和个性化的需求。如何接受和利用新技术和新工具，来完成高效工作，是每个职场人不可避免的话题。

1. 多用云存储少用本地存储

老高看见小雯从会议室快步进来，弓着身子在电脑屏幕上找着什么，额头一圈汗珠。

"怎么了？文件找不着了？"老高问。

"是啊！汇报用的 PPT 我本来是用 U 盘复制到会议室电脑上的，结果发现打不开了。"小雯着急地说。

"你自己电脑上没有保存？"

"我忘记刚才是复制还是剪切了，电脑上找不着了。"

"别着急，想一想你最后一次修改稿发送给谁了。"

"哦，对对对！我想起来了！"小雯拍了下额头，"我之前发给曹总，他还提了几个修改意见的。"

"看看你是用什么发的，在聊天记录里找到那个文件，用这个版本修改一下。"

小雯打开聊天窗口，找到发送的文件，然后重新把里面的内容进行了修改，又匆匆赶到会议室。

会议总算开完了，小雯回到办公室，长长地出了一口气。

老高走过来说，"有那么多传输文件的方法，干吗要用U盘呢？"

"总觉得U盘比较方便，复制完一拔就完了。"小雯说。

"任何存储介质都不是百分百可靠的，重要的文件都要多存几个备份。U盘、移动硬盘、网盘，各备一份。比如说我在家里和办公室里就经常需要同步一些文档，晚上回去临时有工作的时候，就直接在网盘里调出来，不用拿个U盘拷来拷去的。"

"看来真的要学会用网盘了，之前我有个U盘用了几年坏了，里面存的好多图片都找不回来了。"

"我们之前说过怎么管理办公文档，但是都说的是本地存储，其实像现在经常会遇到在家办公或者是临时有工作任务，那么就要考虑到云存储和移动办公的问题。"

小雯点点头，说："对，我也遇到过。有时候晚上在外面吃饭，手头没有电脑，但是需要马上改几个数据或者文字，只好快点吃完了回家改。有一次参加朋友的生日聚会，走不了，只好在旁边找了个网吧改。"

"现在很多平台都提供移动端的支持，临时处理的时候，也可以用手机打开文件，做一些基本的修改。"

"我也发现了，有时候简单的修改，可以在手机上完成，不一定非要使用电脑。"

"实际上我现在很少把工作文档存到本地盘了，即使有时候临时存储一下，也会在下班前把文档转移到网盘中，以便随时使用，同时也保证不会因为硬件故障造成文件丢失。"

文件随手保存到网盘

"我也要慢慢养成这种习惯。"小雯点点头。

2. 文件分享及协同工作

"除了文件存储，经常用到的还有文件分享和协同工作。"

"文件分享？不就是通过微信或者QQ把文件发给别人吗？"小雯问道。

"这只是最基本的一种方式，根据发送对象以及发送目的不同，分享的方式也不一样。如果是发给本公司的同事，可能只需要直接传输。如果是发给外部伙伴，还要看发送的目的。像有些文件只能阅读，不允许修改的，就应该发送只读链接给对方查看。有些网盘对只读链接的分享还提供两种选择，一种是短期内有效，一种是永远有效。这种分享方式还可以用于一对多的发送。在工作群里分享了链接之后，所有人都可以看到，也可以自主访问阅读。除了群里发送和网盘链接分享，还有没有其他分享方法？"

"公司内部的文件分享可以通过群,但是分享给外部客户,就只能发邮件了。"小雯补充道。

老高点点头,"通过邮件附件的方法发送给客户是比较正式的方法,也有其他的快捷方法,比如可以通过网盘的链接进行分享。百度网盘、WPS云盘、腾讯微云都可以生成分享链接,直接把链接发送给对方。一对多地分享时,也可以用这种方法。"

百度网盘分享文件链接到其他应用

"那协同工作呢?"小雯问。

"我们开协调会经常会做的思维导图,需要各部门分别完成自己负责细化的部分,把总图发给大家,大家各自完成自己部门的部分,这就是协同工作了。"

"嗯,明白了,除了要读取文件,还要有修改权限。"

"一些网盘的文档也可以很方便地进行链接分享,不过也有一些其他的平台可以很方便地进行多人协同工作,比如 Processon、WPS 云文档等。"

"那协同工作是不是可以解决文档反复修改和来回发送的问题?"小雯问道。

"这个要根据具体情况，大多数公司跟我们公司一样，对协同办公并不是重度依赖，也就是传送一些营销方案、合同文件、月度报表、绩效考核文件，可以利用网盘提供的功能解决大部分。如果是一些互联网或者高科技软件公司，各部门之间的工作联系非常紧密，需要高效率高密度的沟通，有时候甚至需要跨企业、跨团队的合作，那就必须用专业的协同工作软件或平台来实现了。"

"这么多的网盘和软件，到底要怎么选择呢？"

3. 平台和软件的选择

"每个人的需求和习惯不同，而且各个网盘和平台的价格、服务都在变动，没有一个统一的标准，不过在选择的时候，遵循一些原则可以少走很多弯路。"

"有哪些原则？"

"首先是要考虑性价比，当免费功能满足不了需求时，可能就要选择开通会员。各个不同的平台之间的价格差异很大，不同的容量、不同的上传下载速度，有的还有单个文件大小的限制，综合考虑这些因素之后，再进行选择。服务能够满足自己需求，同时费用又能够承受的就行了。像'双 11'、年终大促，有些平台经常会做些优惠活动，但也不要冲动型消费，一下充值几年的会员服务。说不定一两年后情况又变了。像我之前一直用金山快盘存储和同步文件，结果后来这个平台不提供服务了，只好花了很久把存在上面的文件给下载备份。"

"免费的网盘空间目前还够用，公司的重要文件还可以存到QQ群、钉盘里面，等到空间不够需要充值的时候再说。"

"免费网盘中用户最多的是百度网盘，免费用户通过完成各种任务，最大容量可以达到 2TB，缺点是非会员下载会被限速，比较适合存放一些大容量的文档。WPS 云盘的免费空间只有 1G，而且非会员不能上传超过 10M 的文件，它的优点是和本地资源浏览器结合紧密，使用和同步比较方便，比较适合用来临时存放一些工作中需要同步的中小型文档。腾讯微云的免费空间有 10G 大，它的特点是速度比较快，和自家公司的微信、QQ 相结合。对于免费的网盘，主要推荐这三种，基本能够满足日常的普通需求。其他还有坚果云、iCloud、OneDrive 等网盘，各有优点缺点，有空可以自己试一下。"

"选一个网盘不行吗？"

"重要文件还是要多存储几个备份，有时候会出一些BUG。比如某平台的文件夹如果重命名就会计算很久，某平台对多层文件夹处理不好，某些平台会莫名其妙地丢失文件。刚才说过，我之前把文件全部存在一个网盘中，后来平台通知大家要暂停服务。只好重新下载，换地方存储。虽然是提前几个月通知用户，但是大家都在备份，下载速度就很慢了。现在重要的资料，我都存放几个不同的地方，定期进行同步备份，以免再出来类似的情况。"

"哦，明白了，这叫狡兔三窟！"小雯笑着说。

"有备才能无患，互联网时代，瞬息万变，有些重要资料丢了，就找不回来了，还是自己多小心点好。"老高强调说。

在移动互联网已经普及的今天，还是有很多人没有利用好网盘这个工具，仍然依赖传统的存储介质，只有出了问题，才会想到原来应该通过网盘的存储和分享功能来协助工作。互联网时代，无论是工作场所还是家里，都有网络。运营商的流量套餐也越来越便宜，要善于利用网络提供的便利，提高学习和工作的效率，养成良好的存储习惯，定期对文件资料进行整理。遇到任何工作场景，都可以从容不迫地对待。

3.4 省时省力的远程控制软件

如果每个人都能严格规范地做到工作文件的云存储，各种软件也都安装完备，那可能就不存在远程控制的需求。可是现实总是那么难以预料，总有些时候因为各种各样的原因，不得不在下班后或者休息日到公司去一趟。

学会了远程控制，那就不是事了。事先在工作电脑、家里电脑和手机上安装好远程控制的软件，有突发事件需要临时处理时，只需要拿出手机或者打开家里的电脑，就能开始远程工作了。

1. 手机远程控制电脑

刚刚结束的大型促销活动把大家都给累坏了，经过大家的努力，本地公司取得了非常不错的成绩，在区域内排名第三。下班后几个主要业务部门的员工，都在一起聚餐庆祝。

老高和同事聊得正开心，回头看见旁边的小雯表情严肃地看着手机屏幕。

"怎么了？"老高问。

"区域说复盘报告上有几个数据需要核实，要我在后台查了马上报。我用手机登录才发现，外网登录不了，看来我只能回公司一趟了。"小雯嘟着嘴说。

"等一会！"老高说完拿出手机，划了几下屏幕，点开一个应用，又点了几下，屏幕上显示出后台的数据，"是这两个数据吗？"老高问。

"对啊！对啊！就是这两个，快截屏给我。"小雯开心地说。

老高把截屏图片发给了小雯，小雯转发完图片，过了一会手机上回复收到。

"不用回公司了"小雯放下手机，端起酒杯，"敬师父一杯！感谢你伸出援手！"

老高也笑着端起杯子。

"你刚才用的什么应用？我看好像显示的是公司的电脑屏幕。"小雯小声问道。

"我用的是远程控制，明天上班了跟你讲。"老高回答道。

手机远程控制电脑

2. 电脑远程控制

第二天上午，小雯看见老高已经忙完了手上的例行工作，于是问道："昨天你说的什么远程控制是怎么弄的？"

"你看，这个应用可以远程控制电脑，用它在手机上进行一些简单的查询工作。"老高在手机上点了几下，电脑屏幕跟着动了起来了。

"这个挺神奇的，我也要装一个。"

"电脑上下载一个 PC 端，安装完毕后，运行程序，会弹出对话框，上面会显示电脑 ID 和控制码，要记住这两个码。手机应用装好了之后，在手机端输入这两个码，就可以开始操控了。"

小雯按照老高说的步骤，一会儿就装好了。

"有了这个，不在电脑跟前的时候，也可以用手机查询数据了。"

"昨天那种情况，我以前也遇到过。有时候必须要用公司的电脑，可能只需要几分钟的时间，但是从家里过来，来回要花不少时间。所以后来就在电脑上和手机上装了个远程控制的软件，再遇到这种情况，可以用家里的电脑远程控制，也可以用手机端的应用远程控制。"

"回去，我也要把家里的电脑装一个，用电脑控制电脑，是不是有点像 QQ 的远程协助？"小雯问道。

"基本原理都差不多吧。不过 QQ 的远程协助需要两台电脑都登录，一边发送远程协助后，另一边要点接受，才能开始操控电脑。一般别人问我电脑软件问题，一时半会讲不清楚，我就会叫他发个远程协助过来，直接演示给他看。"

老高说完看见小雯已经装好了客户端，"这是我的电脑 ID 和控制码，你来试试电脑控制。"

TeamViewer 通过 ID 和密码进行远程控制

"感觉反应还比较快。"小雯试着打开几个软件。

"还记得吗？有次也是下班了，咱们的宣传海报上有几个文字要修改，我就是在家里，用远程控制连上公司电脑修改的。"

"哦，那一次啊，我记得。当时我还以为你是把源文件复制回家了。"

"我只复制了一个jpg版本，源文件有几百兆，网盘里面上传下载也不方便。在没有图层的jpg上抠文字，也挺麻烦的。这种情况用远程控制就很好解决，连上公司电脑，打开源文件，找到对应图层，几分钟就改好了。"

"对啊！我怎么没想到，这样我就不用下班了在公司等着领导审核最终版，如果还有修改，就直接在家里搞定。"

"除了可以控制电脑，还可以控制别人的手机。爸妈的手机操作不熟练，电话或者语音教他们也挺麻烦。可以在他们手机上装个客户端，你这边可以直接操控他们的手机。"

"还可以这么玩啊！我爸妈也是经常问我手机问题，跟他们电话里也沟通不好，教了又容易忘。有了这个办法，倒真是省了很多事。"

　　"还有一种反向的控制玩法，就是通过远程控制软件把手机投屏到电脑上，再把电脑连接到投影仪上。投影仪的大屏幕就能实时地显示手机操作步骤，讲解起来更加方便。"

手机远程控制电脑

　　"这样就不用一张张截图做教程了，开会培训的时候可以让大家把手机拿出来，对着大屏幕跟着一起做了。"

　　"对啊！就是因为有需求有应用场景，软件厂商才会开发出各种软件来解决用户的这些痛点。比如说有些公司有很多分布式的门店，可以用远程控制软件来对门店的终端电脑进行操控；有些公司要用远程控制软件来远程查看公司的监控设备；还有一些科技公司、软件公司也是这类软件的重度使用者，所以远程控制软件基本都推出了收费版，满足不同使用者的不同需求。像我们这样偶尔用一用，免费版基本上就能满足了，不过还是那个原则，要多备用几个，以免不时之需。"

3. 根据需求选择不同软件

　　"还要多装几个吗？"

　　"之前我跟你说过的，同类型的软件都要试用一下，遇到问题了，至少有个替代的。远程控制中市场占有率比较大的有两个，一个是 TeamViewer，一个是向日葵，这两款软件都提供基础的个人免费服务，如果商用那就要收费的。比如

TeamViewer，在你使用的时候，服务器就会综合分析你的使用频次及历史记录，以此来判断你是不是用于商业用途。如果使用比较频繁，有可能就会提醒你交费了。"

"那还有哪些可以替代的呢？"

"如果是双方都在线，操控对方的电脑，首选肯定是 QQ 远程控制，免费不用说，技术也很成熟，特别适合于帮助对方解决问题。有一款国产远程控制软件叫向日葵，和 TeamViewer 比较类似，功能上差不多，也同样有免费版和收费版，操作起来也很流畅，非常适合新手。如果需要高级功能，可以根据自己的需要进行选择。其他还有网络人 (Netman)、Anydesk 等，也可以作为备选。"

通过 QQ 远程控制

"好的，有空把这几款都试试，看哪几个用得顺手。"

时间和空间的距离都能被缩短，不仅是在千里之外运筹帷幄，还可以直接上手操控。这种感觉很奇妙，也很高效，虽然不是人人都能用得上，但提前准备布置好，遇到突发事件时，能够大大减少空间距离带来的麻烦，实际上也是节省了大量来回奔波的时间。有些特殊的场景，只能通过远控软件来进行操作。了解和掌握几款不同的应用，对解决工作和生活中特殊场景下的问题是非常有帮助的。

3.5 文档扫描和文字识别

智能手机的硬件越来越强、性能越来越好、拍照像素也越来越高，同时诞生了各种各样满足不同需求的手机应用，我们的工作和生活方式也不断地在改变。扫描仪的销售市场明显萎缩，不是因为需求减少，而是被智能手机给跨界取代了。

OCR 文字识别近几年的发展速度也非常快，识别率大幅提高，速度也更快。越来越多的软件、应用甚至包括手机输入法都提供了文字识别功能，给普通人的工作和生活提供了太多的方便。熟练掌握这些应用，可以大大提高工作效率，解决不少工作中出现的问题。

1．手机就是扫描仪

小雯抱着一堆文档走进办公室，把文档往桌子上一扔，气呼呼地说："公司就不能多买几台扫描仪吗？财务、人事、工程都说着急用，谁不着急啊？"

"这段时间好像扫描仪就没闲着，你也要用扫描仪？"老高问道。

"是啊！我们签约客户的合同还有资质文件都要求扫描，完不成区域公司又得在群里点名我们公司了。"

老高拿起文档和资料翻了翻，"别着急，不用扫描仪一样可以扫成电子文档。"

"我知道，用手机拍照嘛！我做过，一张张拍了，导到电脑里，再用 PS 处理，最后还要合并成 PDF 文档，好麻烦。"

"也有简单的方法，现在有很多 App 都能够快速完成文档、证件的扫描，自动裁边自动调色，再合并成 PDF。"

"是吗？有这么智能？"

"来，试一试就知道了。"

老高拿过一份文档，拆开订书针，拿出手机，打开应用，开始对着文档拍照。

"我们先试试这个扫描全能王，单击相机图标准备开始拍照。上面三个图标分别是闪光灯、横竖屏和分辨率的选择。下面这一排文字是选择类型，包括证件照、书籍、PPT、表格识别、拍图识字等类型，我们是普通文档，点一下'普通'就行了。最下面有四个按钮，最左边一个是从手机相册里直接选择拍好的图片；第二个是快门按钮，对好焦了，直接按它就可以拍照。后面两个按钮是选择多页模式还是单页模式。选择好了对着文档就可以拍照了。"

扫描文档界面

"它会自动查找文档边界，也可以用手拖动这些控制点来调整。拍完之后，App 开始自动裁剪。处理完之后，下面这一排可以选择处理效果。可以把文档增亮、锐化，也可以处理成黑白、灰度模式。拍完一张，单击下一张继续拍。"

看到老高不一会儿就完成了几页文档的拍照，小雯说道："这个处理速度挺快的，比传到电脑上用 PS 切边快多了。"

"全部拍完了，就可以单击右上角的分享按钮，分享到其他应用或者传到电脑上，还可以直接合并成 PDF 文件。"

"这个下面的证件照功能是干吗的？"小雯问道。

"这个是方便复印相关证件的，比如经常会用到的身份证正反复印件。以前都是把证件先拍照再上传电脑，用 PS 合成到一张 A4 纸调整大小后打印输出。有这个功能，直接按照 App 里面的提示对好位置，正反各拍一张，自动合并成一张图，直接打印就行了。"

扫描证件

"哦，这个功能好，挺省事的。"

"还有一些功能也比较贴心，比如书籍功能，可以把书翻开，一次拍两页，它会自动进行裁剪和识别边界。把纸质书转换成电子书或者做读书笔记都挺方便的。"

"嗯，其他功能以后再来研究，我也先下载一个，把这些文档扫描完。"小雯在手机应用商店里下载了 App，在桌上把文件摊开，没用多久就把一堆文档都扫描完了。

2．几款扫描应用的对比

"搞定！用手机扫描文档真是方便，省好多事。不过我刚才发现应用里面好多功能都是要收费的。"

"嗯，提供了方便，就要收取相应的费用，软件公司也要生存嘛！不过扫描类的应用有很多，如果不是重度用户，可以根据自己的需要和使用频次来进行选择。除了刚刚介绍的扫描全能王，还有白描、office lens、口袋扫描仪，在功能上各不相同，收费方式也不一样。"

"有哪些区别呢？"

"主要还是在文字识别的功能和收费价格上，扫描全能王的功能最丰富，除了上面介绍的基本功能，还提供了表格识别，证件也提供了护照、驾照、户口等等非常丰富的选择，当然一些高级功能只提供给收费会员。白描的功能比较简洁，主要专注在文字识别上，会员费用要便宜一些，另外每天还有 5 次免费识别的机会。口袋扫描仪功能也差不多，文字识别需要付费，如果你不想付费也行。看一段广告后，就可以免费识别了。Office Lens 是微软出品的应用，优点是和微软的产品紧密结合，可以直接导出到微软云盘 One Drive，缺点就是只支持微软自家的应用。"

"如果不是每天都需要扫描很多文档，感觉也用不着花钱买会员，免费的功能就够用了。"

"嗯，根据自己的需要。如果不是长期大量的扫描，没有必要每月花钱充会员，而且除了以上这些专业的扫描应用之外，很多 App 都内嵌了扫描和识别的功能，比如 WPS 就有扫描和识别功能，如果你购买了 WPS 的会员，就可以免费使用，也不用再花钱专门充扫描 App 的会员。另外像有道云笔记和印象笔记也有类似的会员功能。"

"为什么文字识别就要收费呢？"

"相对扫描来说，文字识别的技术含量要高一些，所以收费也正常。"

小雯从文件夹里抽出一本宣传册，"这是领导前天给我的，说要我抽时间把里面的文字都输入到电脑里，变成电子版，我正头疼呢！刚刚想到可以用你介绍的这几种来自动识别，可是都是收费的。"

3．OCR 文字识别软件提高效率

"也有解决方案，用手机应用扫描文档，传到电脑上，再用软件进行识别。有款软件叫做天若 OCR 文字识别，能够免费识别文字，非常好用。"老高说完在电脑上调出软件。

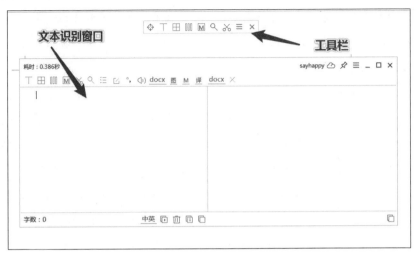

天若 OCR 主界面

"这是软件的主界面，上面是工具栏，第2个T字形的图标就是文字识别。单击之后，拖动矩形框，框中需要识别的文字。"老高一边说一边操作，几秒钟主界面上就出现了识别后的文字。

小雯拿着小册子开心地说："这个识别速度好快！看来我不用一个字一个字地输入了。"

文字识别后进行拆分

"我经常用这款软件，除了识别拍照的纸质文档，还有很多地方可以用得着。比如 PDF 转 Word 文档，要下载专门的软件，有的也是需要收费，识别率还不高。用天若来识别，效率很高，识别率高速度快，中英文都不在话下，我经常用它来看处理英文 PDF 文件的转换。有时候在网上查资料，发现网站的内容无法选择复制，也可以用它来截图识别。不过像通过接口翻译和表格、公式的识别，这些高级功能也是要付费后才能使用。"

"感觉表格和公式识别平时工作中用得不多，免费文字识别就够用了。"

"对，根据自己需要来。其实用它结合手机上的扫描 App，纸质文档转成电子文档进行分类存储，能省不少的事情。接口翻译的功能是收费后才能使用，但是也可以把识别后的文字复制到谷歌翻译这类网站去进行翻译，操作也不是很复杂。有时候经常需要翻译一些国外的英文报告，用这款软件结合谷歌翻译，可以大幅提高效率。"

"嗯，我也在电脑里装一个。"

"有时候一个好的工具软件不仅可以帮助我们提高效率，还可以改变我们的工作流程。通过不同软件之间的组合，可以产生一些新的方法，工作思路也更加清晰，这就是为什么我喜欢不停地研究新的工具和新的方法。相反，很多人都不愿意去接受新的事物，连软件升级都不愿做，你看看身边的人有多少还是用着十年前的 Office 软件就知道了。"

小雯笑了笑，"其实我自己也一样，有时候真的不太想动脑筋去学习和研究新的东西，如果不是你告诉这些工具的用法，我自己可能也不会花时间去研究。"

"当你觉得工作效率不高或者不顺手的时候，上网搜一搜有没有更好的方法，有没有更好的工具软件。同类型的软件可以多下载安装几个，对比一下功能和优缺点。积累下来，工作效率就会越来越高。"

扫描应用越来越多，除了上面介绍的，市场上还有许多层出不穷的软件和应用。软件厂商正是看到了这个巨大的需求，才开发出相应功能的软件，通过收费方式来获取利润。不要被一款应用或软件给套牢，软件的收费方式也是动态变化的，原先的免费可能会逐渐收费，价格也会变化。还是要根据自己的工作需要，如果真正能够提高效率，花费也是值得的。

3.6 多平台应用做好时间管理

市面上关于时间管理的书籍已经多到形成了一个门类，随之而生的电脑软件、手机 App、培训课程以及其他产品也逐渐形成了一个产业链。

为什么？因为时间太难管理了。看看实时新闻，逛逛电商网站，刷一刷朋友圈和短视频，一不留神，几小时就没了。庞杂的信息，无时无处不在的干扰，造就了越来越多的拖延症患者。一边抱怨着时间不够，一边又不愿干正经事。今天我们就来聊聊如何用各种工具和方法来管理时间，终结拖延症。

1. 时间都去哪儿了？

一晃又到了快下班的时间，老高正在整理当天的工作，一回头看见小雯闭着眼睛，用一只手撑着头。

"怎么？不舒服吗？"老高问。

"没有。"小雯摇摇头，睁开眼睛，叹了口气，"唉，就是感觉天天时间都不够，要是能从哪里借点时间就好了！"

老高笑了笑，"时间这东西啊，公平得很！无论是穷光蛋还是首富，一天都只有 24 小时，一秒不多一秒也不少，关键你得学会怎么用。要想不瞎忙，就要学学时间管理。"

"时间管理？倒是经常听别人说，时间该怎么管理呢？"

"这个话题就大了去了，三言两语可说不完，光是讲时间管理的书都一大堆。不过呢，可以拣重要的概念和时间管理的方法了解一下，再给你介绍几款工具，一边用一边体会，很快就会有效果。"

"好啊！好啊！"小雯好像突然来了精神。

"先说说，你为什么会觉得时间不够用呢？"

"我也不知道时间怎么就溜走了，有时候感觉一天下来，都不知道自己做了些什么，怎么就又到那个点了。"

"嗯，时间管理的第一步，就是要做好记录。你可以试试，隔一个小时就记录一下，刚刚做了些什么，很快就会找出你自己的时间黑洞。"

"时间黑洞是什么？"

"有些事情，你做的时候完全没有意识到时间的存在，等你意识到的时候，发现时间已经被浪费得太多。它就像个黑洞一样，吞噬着你的时间。"

"我觉得我的手机就是个时间黑洞，回微信消息、看会儿短视频，经常一下就过去半个小时。"

"除了你刚才提到的之外，还有的人喜欢追剧、看综艺、玩游戏、看新闻。这些是主动型的，还有被动型的，比如经常被骚扰电话、各种即时消息、App 推送、垃圾短信、邮件打断工作思路，也会浪费很多时间。这些都是生活中常见的时间黑洞。破解时间黑洞的第一步是察觉，察觉之后就要有意识地避免。比如需要集中精力做重要工作的时候，可以把手机静音、断网，或者干脆放在自己看不到的地方，从物理和心理两方面截断干扰。"

"嗯，不过有时候上班没有怎么玩手机，但是感觉效率也不高，杂七杂八做了一堆事，最后也不知道忙了些啥。"

"不同的事情有不同的优先级，用四象限法则很容易解决这个问题。"

"什么是四象限法则？"小雯问道。

"做事要分轻重缓急，这句话我们经常听到，其实说的就是四象限法则。"老高在电脑上打开一张图。

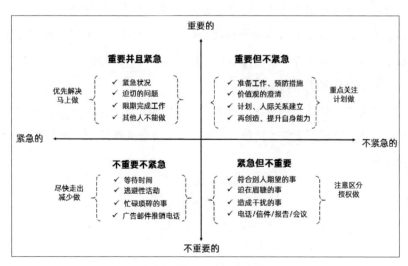

时间管理四象限法则

　　"每天把自己要做的事情列成清单，然后看看它们到底属于哪个象限。放到对应象限，再根据指定的顺序去解决。很多人都会痴迷于做紧急的事，因为如果这一天做了很多紧急的事，就会很有成就感，觉得很充实，其实扮演的是救火队长，不停地灭火。"

　　"难道做紧急的事不对吗？"小雯问道。

　　"图里已经注明了四个象限的处理顺序，需要提醒的是要多花时间在重要的事情上，才不会天天被紧急的事淹没。你慢慢去体会吧！下面我们再聊聊GTD。"

2. GTD 时间管理方法

　　"GTD 是一种时间管理的方法，英文 Getting Things Done 的缩写，翻译过来就是把事情搞定！也就是高效地完成工作的意思，一般你什么时候工作最高效？"老高问。

　　小雯想了想说，"明天就是截止时间，今天晚上必须做完的时候。"说完小雯有点不好意思，"别笑我啊！我是重度拖延症患者。"

　　老高点点头，"因为明天就要交作业了，你不得不把所有注意力都集中在要完成的这项任务上。平时我们的大脑这个'勤劳'的器官就在不停地产生各种想法，加上外部各种信息的干扰，时间都被碎片化，同时也让我们产生许多无效的反馈，真正重要的事往往却被忽略了。怎么从这些无穷无尽的想法中抽离出来，不被外界的信息干扰，让自己进入心如止水的高效状态，找到任务的正确处理方法，而不是疲于应付、不知所措，这就是 GTD 能帮我们解决的问题。"

　　"听起来好像挺有用的。"

　　"当然有用，好多人都用这种方法来进行时间管理。GTD 的核心步骤一共分为五步：收集、处理、管理、执行、回顾。这里有个流程图。"老高换了一张图，继续往下讲。

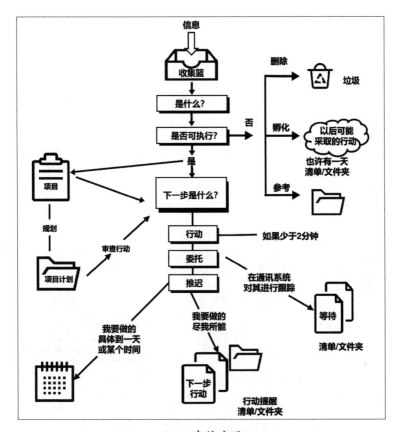

GTD 实施步骤

"我们的大脑就像是电脑的 CPU，而不是存储器，它的功能是思考和解决问题，而不是存储。清空大脑，把信息存储到外部存储器上，让大脑只负担解决问题的责任，就可以把它的效能发挥到最大。所以，GTD 的第一步就是把信息放到工作篮里去。"

"工作篮？"

"工作篮指的是收集工具，可以是纸笔，也可以是电子设备，可以是电子邮箱，也可以是网页、软件或 App，也可以是电脑桌面。无论用什么设备或者方法，这一步就是把需要解决和完成的任务还有大脑里的想法，简单地记录下来。"

"哦，工作篮就是一个临时记录任务和想法的工具，把想到的东西和要完成的任务都给记下来，对吧？"

"嗯，就是这些没有完成的任务，还有各种各样的想法让我们产生了焦虑。

"接下来就是回顾检视，根据需定期对自己的任务清单进行回顾，对不合理的计划进行重新调整，保证计划能够有效地进行。最后一步是行动，就是确保你列在清单上的目标计划能够执行到位。这要你根据环境、时间、精力、重要性这四个不同的维度来进行判断。有些事情需要特殊的环境才能执行，有些工作在家里也可行完成，有些工作只能在工作场合进行。有些事情只需要几分钟就能完成，有些不是几分钟能够解决的事情，要根据时间安排以及工作所需时间来进行匹配。"

"GTD 的原理和步骤基本上了解，从哪里开始实施呢？是有专用软件或者工具吧？"

"GTD 的时间管理工具有很多，包括 Todoist、anydo、doit.im、滴答清单、奇妙清单、Toodledo、TickTick 等。这些工具软件各有所长，有的比较符合 GTD 的设计原则，有的是收费软件，有的是免费软件，有的没有中文版，有的在多设备同步方面有些问题。必须你亲身体验才能找到适合自己的工具软件。如果是新手，可以先试试 anydo 和 doit.im，等熟悉以后再比较其他几款，找到自己用着顺手的工具。我个人比较喜欢滴答清单和奇妙清单，比较符合国人的操作习惯。"

"记下来了，待会去下载安装。"

滴答清单添加个人任务

"采用移动应用来管理时间的好处是非常便捷，有多种方式添加任务，比如绑定服务号后，可以通过微信来添加，可以通过邮件来添加，也可以在应用内用语音来添加，还有其他很多贴心的服务。"

"是吗？我就是担心要花很多时间来学习这个时间管理应用。"

"操作是零门槛设计，非常容易上手，还提供日历视图，可以非常清晰直观地查看各种日程。"

日历视图

"嗯，任务安排看起来一目了然，很适合我这种丢三落四的人。"

"还有刚才介绍的几款其他的 GTD 应用，也可以下载后试用，有些功能大同小异，看自己习惯哪种，选择的时候还要注意，优先考虑能够提供多平台同步功能的应用。手机和电脑都能够进行操作，适合不同的场景和工作状态。聊完了GTD，再来聊聊番茄工作法。"

3. 番茄工作法

"这名字听起来挺好吃的。"

老高笑了笑，继续往下讲："21 世纪是注意力的经济，会收割注意力的公司都会赚大钱。所以有那么多的产品都拼了命的设计成专门收割大家的注意力，海量的信息不停向我们袭来，我们的注意力一再被割裂，大脑片刻不得宁静，时间都碎成了渣。怎么才能驾驭注意力这匹疯跑的马？怎么才能专注于眼前的工作不被干扰？怎么才能真正让工作变得有效率？番茄工作法就是解决这些问题的好方法。"

"为什么叫番茄工作法呢？"

"番茄工作法是弗朗西斯科·西里洛发明的，他觉得自己在大学里学习效率低下，于是便和自己打赌，看能不能真正学上10分钟。后来他找到了一个厨房定时器，形状像番茄，所以这种方法叫番茄工作法。"

番茄钟

"哦，原来是这样，那具体这个番茄工作法是怎么用的呢？"

"方法很简单：先选择一个要完成的任务，把时间设为25分钟，这段时间叫作番茄时间。在这段时间内专注于工作中，不被任何事情打断，不做与任务无关的事，直到这个番茄时间结束。番茄时间结束后，休息5分钟，再开始新的番茄时间，每4个番茄时段多休息一会儿。"

"就这么简单？"

"就这么简单！"

"有效果吗？真能对付拖延症、缺乏专注力和工作效率低这些问题吗？"

"我们先来看看为什么会拖延，为什么会注意力不集中。我总结了一下无外乎这几点。第一是恐惧导致拖延：某件事情难度很大，需要花费相当的精力和大量的时间去完成。担心投入了很多时间精力也无法完成，所以无限期地进行拖延，直到无法拖延。"

小雯点点头，"嗯，我也是碰到越难完成的任务，越喜欢拖延。"

"第二是完美主义导致拖延：对自己信心不足，又想把每件事做到百分之百的完美，干脆拖延着不开始做。想等到所有条件都成熟，才开始做，可是这一天始终没有来到。"

"这不说的就是我吗？"小雯笑着说。

"第三种情况是即时满足与未来满足之间产生了矛盾。想要做的事情很困难，而且要在未来的某一天才能给自己带来满足感。而玩玩游戏、看看视频、刷刷新闻、朋友圈都能够带来即时的满足感。"

"我们再来看看专注力。很多人说自己无法专注，你工作学习时无法专注，可你玩游戏、追剧时很专注啊！几个小时，吃饭睡觉都可能忘记。"

"又被你说中了！"

"所以，其实你根本不是无法专注，而是在进行或完成某些特定的任务时，无法长时间地集中注意力。之所以你的注意力容易被打断，一方面是工作学习对你的吸引力不够，另一方面是你对打断你的即时信息做出错误的回应。番茄工作法把任务时间切割为 25 分钟一个番茄，你只需要投入当下的这 25 分钟而已，实际上你的恐惧和焦虑还在，只不过被做了分割，变得更小了，更容易去克服和对付了。"

"哦，不管别的，只是投入认真地做完当前这 25 分钟。"

"对！番茄工作法就是告诉你把大目标划分成一个个的小目标，一次完成一个，别想太多也别想得太难。25 分钟时长的一个番茄让你释放压力，不追求完美，先利用眼前这 25 分钟开始做，打破拖延，打破无法开始的魔咒。"

"可就算是 25 分钟，注意力也很容易被打断！"

"打断你注意力的信息有两种：一种是内在的，一种是外部的。比如突然想到有个电话要回，有个邮件要写，这属于内在中断；电话来，有微信消息，语音提示收到新邮件，这些属于外部中断。简单判断一下，内部中断如果不是火烧眉毛必须立即处理的，你就可以先不处理，把它记下来，先专注做正在做的事情，等 25 分钟过后来决定什么时候处理。"

"那外部中断呢？"

"外部中断就要看具体情况了，比如你正在工作，同事有事请你帮忙，你可以回复请他稍等一下等会回复他，等你这个 25 分钟的番茄结束之后再处理。但是如果是领导找你，或者事情非常紧急，那你就要把正在进行的番茄作废，先处理完事情，再开始一个新的番茄了。"

"哦，明白了。那番茄工作法也有工具软件？"

"钢笔、纸和机械番茄钟（厨房定时器），就是很好的工具，番茄工作法的名字就是因为番茄钟得来的。番茄工作法的软件、App、网页版也有很多，推荐番茄土豆和番茄 todo。"

"这两个名字听起来好像。"

"它们是同类型的应用，功能也比较相似，我们拿番茄土豆为例，它的界面实际上是整合了 GTD 和番茄工作法的功能，同样也是多平台的应用，有网页版，可以很方便地在电脑上进行操作。"

番茄土豆添加任务和番茄钟

"这个界面和刚才那个滴答清单挺像的。"

"是的，不过它也有自己的特点，比如它能够通过完成番茄的时间、速度、效率信息，来计算出最佳工作日、最佳工作时间。当你看到你完成的番茄增多时，你的效率正在慢慢提高。"

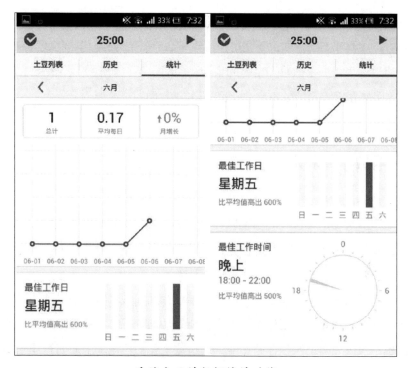

番茄土豆的数据统计功能

"哦，可以随时看到自己的完成情况，这样就可以把重要的任务放到最佳的工作时间。"

"对！为什么每次给你讲完一些道理后都要推荐一些工具给你，就是因为理论和实际是不一样的。有些理论的东西，只有在使用的过程中才能逐步理解和消化，通过不同的工具，不同的功能，又可以发展出一些新的理论和方法，这就是工具的魅力。"

"嗯，感觉今天学到的东西比较多，我是得好好消化一下。"

老高看了看屏幕，已经过了下班时间，"今天咱们就到这儿吧，研究明白时间管理的方法和工具，不仅办事效率会提高，还能减少焦虑，工作思路也会更清晰。"

刚开始实施时间管理的时候，可能会陷入一个误区，就是不断地找寻测试各种工具，不知道哪种适合自己，忘记了初衷。工具只是一个手段，目标是高效地处理工作，做好时间管理。

所以首先要提醒自己的是不要把时间浪费在折腾各种不同的工具上，真正理解透彻了时间管理的方法和理论,用最基本的纸和笔也一样能够很好地践行。

再好的工具和方法,如果不坚持执行也不会有好的效果,时间管理也是如此。很多人通过这个方法来改善了自己的工作和生活,不过如果你仅仅是对它有所了解,不亲身去践行,自然就不会有什么神奇的效果。

3.7 用数字笔记管理工作和生活

在这个节奏越来越快、时间越来越碎片化的时代,我们需要一种工具能够减轻海量信息带来的压力,让我们的大脑能够专注于思考,让我们的心归于宁静,让我们不再焦虑,数字笔记就是这样一个工具。

传统的笔记用的是纸和笔,功能是记录和存储。现代科技通过硬件设备、网络联结和软件应用赋予了笔记新的生命和新的功能,记笔记不再需要随身携带纸和笔,也不仅仅只有记录和存储功能。通过数字化的笔记加上时间管理和知识管理的方法,我们可以让自己的生活工作变得更加有序,更加有效。

我们来看看如何通过数字化笔记来管理工作和生活。

1. 什么情况下要用数字笔记

午饭时间,公司的同事都乘坐四周透明的观光电梯到负一楼的食堂吃工作餐。电梯缓缓下行,小雯透过玻璃看着街上来往的车流和匆忙的行人,突然手机叮了一声。小雯划开屏幕看了一眼,对老高说:"我得上楼去,执行公司负责人说要我把公司的银行开户信息赶快发给他们,他们要赶流程。"

"我这有,我发给你。"老高拿出手机,把信息发给小雯。

"还有公司的详细地址、联系电话,证照。"

"好,我一起发给你。"

小雯把收到的信息转发了出去,"你手机上怎么什么都有?"

"都记在数字笔记里面呢!这些常用信息随时都可能用得到。"

"数字笔记?是手机上的记事本吗?"

"手机上的记事本功能太单一，又没有多平台同步功能，只能临时记一下。推荐你使用专业的数字笔记应用。"

"我好像下载过几个，没怎么用，时间一长就忘记这个应用了。"

两人在窗口排着队，端着餐盘，拿了餐具坐下来开始吃饭。

"强烈推荐你好好研究一下数字笔记。"老高说道。

"除了记录一些常用的信息，数字笔记还有什么别的用处吗？"

"别小瞧数字笔记，它的功能多得很，可以拯救我们的大脑。"

"拯救大脑？"

"是啊！大多数人都搞错了，把大脑当成存储器官，什么都想存储到大脑里，却忘记大脑最重要的功能是思考，不是记忆。拿计算机来比喻的话，大脑就是 CPU，不是存储器。"

"好像有点道理。"小雯点点头。

"你有没有过突然脑袋里闪过一束光？可是如果你不马上记下来，可能过一会就不记得了。"

"有，经常有！做大型活动策划的时候，费尽心思想各种方案，有时突然来了灵感就要马上记下来，不然一会儿就忘了。"

"对啊！这也是数字笔记的一个重要功能，就是随时随地捕捉灵感。你不可能随时随地都带着纸和笔，但是手机基本上是不离身的，人机分离的时候很少。想到什么，拿起手机记录是最为方便和快捷的。"

"这倒是的，就算睡觉，手机也是放在枕头边的。"

"不仅仅是记录文字，还有多媒体的记录。比如图片、音频、视频，这些是用纸和笔没办法直接记录的，用数字笔记就很方便，拍照、录音、录像就行了。"

用笔记应用记录各种形式的笔记

"这些我也经常用手机记录，只是没用存储在数字笔记的应用里面。"

"这就要提到数字笔记的另一个优点了，那就是信息的检索和管理。虽然大家都用手机拍照、录音、录像，但是真正要用的时候，是不是能一秒直达目标呢？如果用数字笔记来记录就不存在这个问题，关键字搜索、标签搜索、属性分类、时间检索都可以让你快速找出目标。"

"嗯，就像刚才，要什么信息马上就能够调出来。"

"除了这些以外，数字笔记还可以加强行动力。"

"加强行动力？有这么神奇？"

2. 时间管理和知识管理相结合

"我们之前讨论过，要做好时间管理就要知道自己的时间都到哪里去了，数字笔记用来做时间记录太方便了，不占用时间，随手调出应用，音频转文字就能记录。还可以同步到电脑上，按时间周期进行回顾。时间管理的5个步骤，还记不记得？"

"记得，是收集、处理、管理、执行还有回顾！"

　　"不错！数字笔记可以用来做时间管理步骤中的收集箱，把各种想法和任务进行收集，也可以用来处理、管理，还可以把各项任务做成清单，来提高行动的执行力。"老高说着，打开手机屏幕。

　　"笔记类应用有很多，市场占有率比较高几款是有道云笔记、印象笔记，还有微软的 OneNote、为知笔记等。新手推荐有道云和印象笔记，免费版就提供了很多功能和存储空间，可以轻松进行多平台的同步，你看这里还提供了许多模板可以方便我们直接应用。"

利用模板创建自己的笔记

　　"这些模板挺详细的，完全可以直接拿来套用啊！"

　　"是啊！不仅有时间管理的模板可以套用，还有会议模板、读书笔记、旅游出行的模板都可以直接套用，非常方便。还可以把这些内容和日历对应起来，形成日程管理。"

数字笔记的日程管理

"哦，相当于把日历功能也整合起来了，就不用另外再打开日历设置各种提醒，直接在这个笔记里面就设置好了。"

"对，任务安排和日历相结合，要完成什么任务，非常清楚。除了上面说的这些功能，数字化笔记最重要的一个功能是能够进行知识管理。"

"知识管理？"

"对！知识管理也是一个重要的概念，简单地说，就是如何获取知识、管理知识，让我们的认知和能力得到持续的提升。根本原因还是现在的节奏太快了，不像几十年前学会一门知识和技能，你可以混一辈子。现在是每年都会出现新的商业模式、新的思维方法，需要不断更新自己的技能，才能保证不会被时代淘汰。"

"你说的我都有点紧张了。"小雯放下手中的筷子。

"我可不是夸张，你想想我们的工作有多少是一成不变的，有多少是不断升级迭代的。如果不学习，不积累新知识，需要多久就会跟不上？可能几年，也可能几个月。"

"那具体用数字笔记怎么进行知识管理呢？"

"我自己总结的有这么几个关键步骤，收集、整理、回顾、转化。平时我们看到的各种推文、教程、技巧，要随手发到笔记里面收藏好。在手机端只要你安装了笔记应用，点分享时，就会出现分享的选择界面。收集这个步骤一定要是快捷方便的，这也是笔记应用最基本的功能。"

"我经常就是突然想起之前看到的什么信息，回头去找又忘记了。现在学会了加到微信收藏里，再用的时候可以到微信里面查找。"

"收集这个过程很多其他应用也能做到，但收集并不等同于知识管理。我们接下来还要把收集的知识进行分类整理，不同的数字笔记有不同的方法。有道云笔记是用文件夹的方式，印象笔记用的是笔记本，这两款都有标签功能。通过文件夹或者笔记本再加上标签，就把我们的知识进行了不同层级的分类，相当于搭建好了一个知识的框架。"

"搭建框架？又不是修房子！"

"这个比喻用得好！知识管理和建房子差不多，先要把结构给搭建好，不然知识再多，也是一堆散落的砖块，成不了体系。"

"那具体要怎么搭建知识管理的结构呢？"

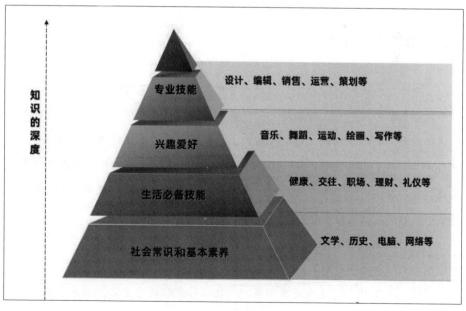

知识的深度和广度

"要从两个不同的维度来组织知识体系，一个是广度，一个是深度，用数字笔记的层级结构和标签，就可以搭建好自己的知识结构。"

"感觉和时间管理的步骤有点相似。"

老高点了点头，"不错！寻找不同知识点之间的联结，也是一种构建知识体系的重要方式。知识体系其实就是一种高度结构化的、相互之间关联的、纵横交错的知识网络。"

"我感觉自己只做了第一步，就是收集。收藏夹里有一堆网址，硬盘里有一堆模板，还有一堆根本没有读过的电子书。"小雯说得自己都笑起来了。

"光收集没有整理和消化，知识不可能转化为能力输出的。通过数字笔记提供的各种功能，我们要定期把收集的信息进行分类，打上标签，按照一定的规则排序，提炼出其中最有价值的信息，扔掉无用的垃圾信息，然后按照自己规划好的体系进行存储，经过长期的积累，就形成了你自己的知识体系。"

"怪不得不管请教你什么问题，你都能答得上来，原来是知识管理。"

"没有人是无所不知的，只是通过体系化的知识管理能够让自己快速掌握以及运用一些有用的知识。你知道吗？进行知识管理之外，还可以用来管理我们日常的工作和生活。"

3. 管理工作和生活

"管理工作和生活？"

"是啊！刚才已经说过了结合时间管理，可以把我们日常工作中的任务进行一个梳理和排序，输出成行动清单。还有我们的工作文档管理，纸质版的文档可以通过扫描和文字识别转化成电子版的，按照项目或者时期时间分类存储，随时可以调用。我记得以前有一个名片夹，里面放满了客户的名片，现在有了数字笔记，可以把名片进行电子化管理，拍照存档，识别姓名职务联系方式后保存，那张纸质的名片就可以不用再专门保存了。"

"嗯，纸质文档确实效率比较低，找起来很不方便，我也要慢慢把经手的各种纸质文档扫描之后存到笔记里进行电子化管理，名片也是。"

"笔记在工作上的运用还有很多，包括工作流程的电子化、项目管理等，还有很多功能可以挖掘。除了工作上的运用，还可以用数字笔记来对我们的生活进行管理。"

"生活管理？生活也需要用数字笔记电子化管理吗？"

"是啊！举几个例子，你们女孩子不是经常要管理自己的体重吗？用数字笔记就可以进行健康管理，比如对每天摄入的热量进行记录和管理，记录自己体重的变化。如果你是美食爱好者，还可以用它来管理菜谱，记录烹饪技巧、美食照片。"

"我想到一个，可以在家里列好购物清单，出去采购的时候就不会忘记要买的东西了。"

"对，还有旅行和出差，出门之前要带哪些物品，列成清单，方便对照，不会漏掉。在旅行途中，用了多少钱，购物小票各种清单都可以拍照存储，回来之后再统一整理。如果你是个旅行博主，还可以把途中所见所想，用图片、录音、文字等各种方式记录下来，回来之后整理成游记或者旅游攻略进行发布。"

"我最喜欢旅游了，不过以前不知道用数字笔记，只有随手拍的一些照片。以后再出门，就把数字笔记也用起来。"

"记得我们讲扫描应用的时候讲过日常生活中的证件管理，其实用数字笔记管理起来更方便。我们每个人家里都有一些证件，身份证、学历、户口本、护照、驾照、行车证、房产证、结婚证，还有什么保险合同、购房合同。如果有了小孩，还有孩子的出生证明、疫苗接种证明，其他一堆资料。这些都可以用数字笔记进行电子化管理，如果临时要用到，原件不在手边，就可以调出来进行打印。"

"是啊！这么一说，我也要回去整理一下我的各种证件了。"

"我还看到有些收纳达人，把家居收纳也给电子化管理了，什么物品存在家里的什么地方、什么柜子里，都记录下来。这个可能有点极端了，估计只有女孩才会做，一般的男孩子都不会有这份耐心。"

"呵呵，这个确实有，我好像在综艺节目里看到过。"

"你看，数字笔记是不是可以管理我们的生活？"

"嗯，没想到数字笔记能够'渗透'到工作和生活的各个方面，感觉我们可以数字化生存了。"

"这个还是要根据自己的情况来，也不能太极端，也不是所有的东西都要数字化电子化来管理，活得像个机器，就体会不到生活中的美了。我们用数字笔记的目的是让我们的工作更有效，生活更美好，这才是最终的目的。"

"嗯，明白。"小雯点点头。这时候两个人的饭都吃完了，于是站起来一起收拾了餐盘。

"很高兴有你这么个师傅！"小雯递过一张餐巾纸，"让我学到了很多东西，少走很多弯路。"

老高笑着接过来，"客气啥？都是同事，一个团队的战斗伙伴。你的效率越高，我就越轻松，帮你也是帮助我自己。看到你成长得这么快，我也很开心！"

对于一个追求效率和成长的职场人来说，数字笔记非常重要，通过它可以把我们获取的信息、知识有序地组织起来，面对纷繁复杂的工作和生活，做到不骄不躁、不惊不惧。认真做好手头的事情，活在当下的时光里。遇到再大的困难，也能够淡定从容，坦然面对。

读 者 意 见 反 馈 表

亲爱的读者：

感谢您对中国铁道出版社有限公司的支持，您的建议是我们不断改进工作的信息来源，您的需求是我们不断开拓创新的基础。为了更好地服务读者，出版更多的精品图书，希望您能在百忙之中抽出时间填写这份意见反馈表发给我们。随书纸制表格请在填好后剪下寄到：北京市西城区右安门西街8号中国铁道出版社有限公司综合编辑部 巨凤 收（邮编：100054）。或者采用传真（010-63549458）方式发送。此外，读者也可以直接通过电子邮件把意见反馈给我们，E-mail地址是：herozyda@foxmail.com。我们将选出意见中肯的热心读者，赠送本社的其他图书作为奖励。同时，我们将充分考虑您的意见和建议，并尽可能地给您满意的答复。谢谢！

- -

所购书名：_____

个人资料：

姓名：_____ 性别：_____ 年龄：_____ 文化程度：_____

职业：_____ 电话：_____ E-mail：_____

通信地址：_____ 邮编：_____

- -

您是如何得知本书的：

□书店宣传 □网络宣传 □展会促销 □出版社图书目录 □老师指定 □杂志、报纸等的介绍 □别人推荐
□其他（请指明）_____

您从何处得到本书的：

□书店 □邮购 □商场、超市等卖场 □图书销售的网站 □培训学校 □其他

影响您购买本书的因素（可多选）：

□内容实用 □价格合理 □装帧设计精美 □带多媒体教学光盘 □优惠促销 □书评广告 □出版社知名度
□作者名气 □工作、生活和学习的需要 □其他

您对本书封面设计的满意程度：

□很满意 □比较满意 □一般 □不满意 □改进建议

您对本书的总体满意程度：

从文字的角度 □很满意 □比较满意 □一般 □不满意
从技术的角度 □很满意 □比较满意 □一般 □不满意

您希望书中图的比例是多少：

□少量的图片辅以大量的文字 □图文比例相当 □大量的图片辅以少量的文字

您希望本书的定价是多少：

本书最令您满意的是：

1.
2.

您在使用本书时遇到哪些困难：

1.
2.

您希望本书在哪些方面进行改进：

1.
2.

您需要购买哪些方面的图书？对我社现有图书有什么好的建议？

您更喜欢阅读哪些类型和层次的计算机类书籍（可多选）？

□入门类 □精通类 □综合类 □问答类 □图解类 □查询手册类 □实例教程类

您在学习计算机的过程中有什么困难？

您的其他要求：